大学物理作业

上海工程技术大学物理教学部

清华大学出版社
北京

内 容 简 介

本书是按照国家教学指导委员会《非物理类理工学科大学物理课程教学基本要求》和普通高校的学生特点而编写的教学辅助参考书,包括力学、热学、电磁学、波动光学和近代物理等内容.按照学时不同每一章节有题量不同的作业习题,方便学生练习和教师批阅.

本书适合作为普通高等学校的理工科各专业的本、专科学生学习"大学物理"的教学辅导书,也可作为相关教师的教学参考书.

版权所有,侵权必究.举报:010-62782989,beiqinquan@tup.tsinghua.edu.cn.

图书在版编目(CIP)数据

大学物理作业/上海工程技术大学物理教学部编写. —北京:清华大学出版社,2011.1(2025.3 重印)
ISBN 978-7-302-24203-1

Ⅰ. ①大… Ⅱ. ①上… Ⅲ. ①物理学－高等学校－习题 Ⅳ. ①O4-44

中国版本图书馆 CIP 数据核字(2010)第 243176 号

责任编辑:朱红莲
责任校对:王淑云
责任印制:宋 林

出版发行:清华大学出版社
    网 址:https://www.tup.com.cn, https://www.wqxuetang.com
    地 址:北京清华大学学研大厦 A 座 邮 编:100084
    社 总 机:010-83470000   邮 购:010-62786544
    投稿与读者服务:010-62776969,c-service@tup.tsinghua.edu.cn
    质 量 反 馈:010-62772015,zhiliang@tup.tsinghua.edu.cn
印 装 者:三河市东方印刷有限公司
经 销:全国新华书店
开 本:260mm×185mm 印 张:7.5 字 数:153 千字
版 次:2011 年 1 月第 1 版   印 次:2025 年 3 月第14次印刷
定 价:23.00 元

产品编号:038892-03

前　言

为了帮助学生更好地学习"大学物理"课程,加强自学能力,提高大学物理的教学质量,我们编写了这本作业习题集.

本书的习题是编者在长期物理教学中累积的大量资料和实践经验的基础上编写的.按照国家教学指导委员会《非物理类理工学科大学物理课程教学基本要求》和学时要求,每一章节题量不同.题型有选择题、填空题、计算题和讨论题.选择题和填空题着重于基本概念、基本原理和基本定律的理解;计算题着重于运算能力和抽象思维能力的训练;讨论题更注重对基本概念、基本原理和基本定律的全面理解和运用,以及提出问题、分析问题和解决问题能力的训练.这些题目的设置,是为了帮助学生课后进一步加深对所学物理知识的理解,掌握方法,拓展视野,加强应用理论解决实际问题的能力.印装形式方便学生练习,也方便教师批阅.

本书由上海工程技术大学物理教学部的教师编写完成,是"大学物理"课程建设的成果之一.本书编写的分工是:徐红霞负责力学,肖蕴华负责热学,曹云玖负责电学,季涛负责磁学,邵辉丽负责机械振动,张修丽负责机械波,陈莉负责波动光学,汪丽莉负责相对论和量子.全书由徐红霞负责策划和统稿.

在本书习题的选编过程中我们参考和借鉴了许多国内的相关辅助教材,在此向这些作者们表示谢意.

鉴于编者水平有限,书中难免有错误和不妥之处,欢迎读者在使用过程中提出宝贵意见.

编　者

2010 年 9 月于上海工程技术大学

目 录

质点运动学 ……………………………… 1	恒定磁场(三) ……………………………… 57
牛顿运动定律 ……………………………… 5	电磁感应(一) ……………………………… 61
动量与冲量 ……………………………… 9	电磁感应(二) ……………………………… 67
功与能 ……………………………… 13	机械振动(一) ……………………………… 71
刚体定轴转动(一) ……………………………… 17	机械振动(二) ……………………………… 77
刚体定轴转动(二) ……………………………… 19	机械波(一) ……………………………… 79
刚体定轴转动(三) ……………………………… 23	机械波(二) ……………………………… 83
气体动理论 ……………………………… 27	机械波(三) ……………………………… 85
热力学基础(一) ……………………………… 31	光的干涉(一) ……………………………… 87
热力学基础(二) ……………………………… 33	光的干涉(二) ……………………………… 91
静电场(一) ……………………………… 37	光的衍射(一) ……………………………… 95
静电场(二) ……………………………… 43	光的衍射(二) ……………………………… 99
静电场中的导体和电介质 ……………………………… 47	光的偏振 ……………………………… 103
恒定磁场(一) ……………………………… 51	狭义相对论基础 ……………………………… 107
恒定磁场(二) ……………………………… 55	量子初步 ……………………………… 111

质点运动学

一、选择题

1. 一质点在平面上运动,已知质点位置矢量的表示式为 $r=at^2i+bt^2j$(其中 a、b 为常量),则该质点作 [ ].

　　(A) 匀速直线运动　　　　(B) 变速直线运动

　　(C) 抛物线运动　　　　　(D) 一般曲线运动

2. 以下五种运动形式中,a 保持不变的运动是 [ ].

　　(A) 单摆的运动　　　　　(B) 匀速率圆周运动

　　(C) 行星的椭圆轨道运动　(D) 抛体运动

　　(E) 圆锥摆运动

3. 对于沿曲线运动的物体,以下几种说法中哪一种是正确的? [ ]

　　(A) 切向加速度必不为零

　　(B) 法向加速度必不为零(拐点处除外)

　　(C) 由于速度沿切线方向,法向分速度必为零,因此法向加速度必为零

　　(D) 若物体作匀速率运动,其总加速度必为零

　　(E) 若物体的加速度 a 为恒矢量,它一定作匀变速率运动

二、填空题

1. 一质点沿半径为 R 的圆周运动,其路程 S 随时间的变化规律为 $S=bt+\dfrac{1}{2}ct^2$(SI 制),式中 b、c 为大于零的常量,则 t 时刻质点的

　　(1) 速度的大小为＿＿＿＿＿＿＿＿＿＿；

　　(2) 切向加速度的大小为＿＿＿＿＿＿＿＿；

　　(3) 法向加速度的大小为＿＿＿＿＿＿＿＿；

　　(4) 加速度的大小为＿＿＿＿＿＿＿＿＿＿；

　　(5) 切向加速度和法向加速度大小相等时所经历的时间为＿＿＿＿＿＿＿＿＿＿＿＿＿＿＿.

2. 在 xy 平面内有一运动质点,其运动学方程为:
$$r=10\cos 5t i+10\sin 5t j\ (\text{SI 制}),$$
则 t 时刻质点的

　　(1) 速度 $v=$＿＿＿＿＿＿＿＿＿＿＿＿＿；

　　(2) 加速度 $a=$＿＿＿＿＿＿＿＿＿＿＿＿；

　　(3) 切向加速度的大小 $a_t=$＿＿＿＿＿＿＿；

　　(4) 法向加速度的大小 $a_n=$＿＿＿＿＿＿＿；

　　(5) 运动的轨迹是＿＿＿＿＿＿＿＿＿＿＿.

3. 一质点从静止出发,绕半径为 R 的圆周作匀变速圆周运动,角加速度为 β,则该质点走完一周回到出发点时的

　　(1) 所经历的时间为＿＿＿＿＿＿＿＿＿＿.

　　(2) 切向加速度的大小 $a_t=$＿＿＿＿＿＿＿；

　　(3) 法向加速度的大小 $a_n=$＿＿＿＿＿＿＿；

　　(4) 加速度的大小 $a=$＿＿＿＿＿＿＿＿＿；

三、计算题

1. 在 x 轴上作变加速直线运动的质点,已知加速度 $a=Ct^2$(其中 C 为常量),设初速度为 v_0,初始位置为 x_0,求其任意时刻的速度和运动学方程.

2. 在 x 轴上作变加速直线运动的质点,已知加速度 a 与位置坐标 x 的关系为 $a=2+6x^2$(SI 制),如果质点在原点处的速度为零,试求其在任意位置处的速度.

3. 在 x 轴上作直线运动的质点,已知其加速度方向与速度方向相反,大小与速度平方成正比,即 $dv/dt=-Kv^2$,式中 K 为常量.并设 $t=0$ 时速度为 v_0,经 10 s 后质点的速度变为 $\frac{v_0}{2}$,求任意时刻质点的

(1) 速度与时间的关系;

(2) 位移与时间的关系;

(3) 位移与速度的关系.

4. 在半径为 R 的圆周上运动的质点,其速率与时间关系为 $v=ct^2$(式中 c 为常量),求:

(1) 从 $t=0$ 到 t 时刻质点走过的路程 $S(t)$;

(2) t 时刻质点的切向加速度、法向加速度 a_n 以及加速度的大小.

5. 质点沿半径为 R 的圆周运动，运动学方程为 $\theta = 3 + 2t^2$（SI 制），求 t 时刻：

(1) 质点的角速度和角加速度；

(2) 质点的法向加速度、切向加速度和总加速度.

6. 一质点从静止出发沿半径 R 的圆周运动，其角加速度随时间 t 的变化规律是 $\beta = 12t^2 - 6t$（SI 制），求 t 时刻：

(1) 质点的角速度；

(2) 质点的法向加速度、切向加速度；

(3) 质点的角运动方程（设 $t = 0$ 的角位移为零）.

四、讨论与判断题

1. 判断对错.

(1) 一个质点在作匀速率圆周运动时，它的切向加速度不变，法向加速度也不变. （　）

(2) 平均速率等于平均速度的大小. （　）

(3) 瞬时速率等于瞬时速度的大小. （　）

2. 当出现下述各种情况 $(v \neq 0)$，讨论质点作何种运动：

(1) $a_t \neq 0$，$a_n \neq 0$；

(2) $a_t \neq 0$，$a_n \equiv 0$；

(3) $a_t \equiv 0$，$a_n \neq 0$；

(4) $a_t \equiv 0$，$a_n \equiv 0$；

a_t、a_n 分别表示切向加速度和法向加速度.

3. 如图 1 所示,湖中有一小船,有人用绳绕过岸上距离水面高度为 h 处的定滑轮拉湖中的船向岸边运动. 设该人以匀速率 v_0 收绳,绳不伸长,湖水静止,求小船距岸边的距离为 s 时的速度和加速度,并判断小船的运动.

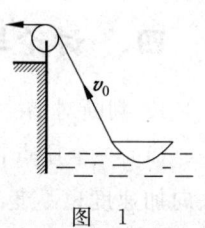

图 1

4. 质点作曲线运动,r 表示位置矢量,v 表示速度,S 表示路程,讨论各式的意义:

(1) $\Delta \boldsymbol{r}$ 和 Δr;并在图 2 中画出;

(2) $\Delta \boldsymbol{v}$ 和 Δv;并在图 3 中画出;

(3) $\dfrac{\mathrm{d}\boldsymbol{r}}{\mathrm{d}t}$;$\left|\dfrac{\mathrm{d}\boldsymbol{r}}{\mathrm{d}t}\right|$;$\dfrac{\mathrm{d}|\boldsymbol{r}|}{\mathrm{d}t}$;$\sqrt{\left(\dfrac{\mathrm{d}x}{\mathrm{d}t}\right)^2+\left(\dfrac{\mathrm{d}y}{\mathrm{d}t}\right)^2}$;$\mathrm{d}S/\mathrm{d}t$;

(4) $\dfrac{\mathrm{d}\boldsymbol{v}}{\mathrm{d}t}$;$\left|\dfrac{\mathrm{d}\boldsymbol{v}}{\mathrm{d}t}\right|$;$\dfrac{\mathrm{d}v}{\mathrm{d}t}$;$\dfrac{v^2}{R}$;

$\left[\left(\dfrac{\mathrm{d}v}{\mathrm{d}t}\right)^2+\left(\dfrac{v^2}{R}\right)^2\right]^{1/2}$;$\sqrt{\left(\dfrac{\mathrm{d}v_x}{\mathrm{d}t}\right)^2+\left(\dfrac{\mathrm{d}v_y}{\mathrm{d}t}\right)^2}$.

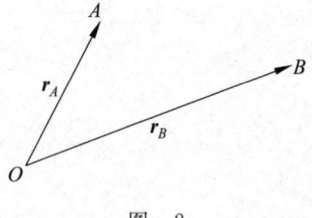

图 2

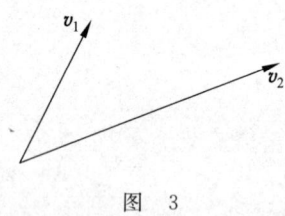

图 3

5. 一球以初速度 v_0 与水平方向成 α 的角度从 A 点抛出,当球运动到 M 点处,它的速度与水平方向成 θ 角,C 点为最高点,B 点与 A 同一水平线,如图 4 所示. 不考虑空气阻力,a、a_t、a_n、ρ 分别表示加速度、切向加速度、法向加速度和曲率半径,填写下表. 并讨论切向加速度和法向加速度的变化规律.

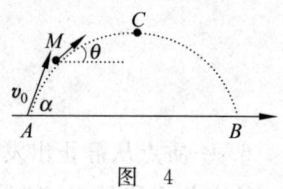

图 4

	A	M	B	C
a				
a_t				
a_n				
ρ				

牛顿运动定律

一、选择题

1. 一质点在力 $F=5m(5-2t)$（SI 制）的作用下，$t=0$ 时从静止开始作直线运动，式中 m 为质点的质量，t 为时间，则当 $t=5$ s 时，质点的速率为[ ].

   (A) $50\ \text{m}\cdot\text{s}^{-1}$ (B) $25\ \text{m}\cdot\text{s}^{-1}$
   (C) 0 (D) $-50\ \text{m}\cdot\text{s}^{-1}$

2. 竖立的圆筒形转笼，半径为 R，绕中心轴 OO' 转动，物块 A 紧靠在圆筒的内壁上，如图 1 所示，物块与圆筒间的摩擦系数为 μ，要使物块 A 不下落，圆筒转动的角速度 ω 至少应为[ ].

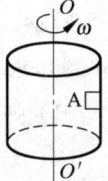

图 1

   (A) $\sqrt{\dfrac{\mu g}{R}}$ (B) $\sqrt{\mu g}$
   (C) $\sqrt{\dfrac{g}{\mu R}}$ (D) $\sqrt{\dfrac{g}{R}}$

3. 在作匀速转动的水平转台上，与转轴相距 R 处有一体积很小的工件 A，如图 2 所示．设工件与转台间静摩擦系数为 μ_s，若使工件在转台上无滑动，则转台的角速度 ω 应满足[ ].

   (A) $\omega\leqslant\sqrt{\dfrac{\mu_s g}{R}}$ (B) $\omega\leqslant\sqrt{\dfrac{3\mu_s g}{2R}}$
   (C) $\omega\leqslant\sqrt{\dfrac{3\mu_s g}{R}}$ (D) $\omega\leqslant 2\sqrt{\dfrac{\mu_s g}{R}}$

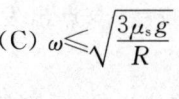

图 2

4. 如图 3 所示装置开始处于平衡状态，当左边的细丝刚被剪断的瞬间，质量为 $3m$、$2m$、m 的物体的加速度大小分别是[ ].

   (A) g、g、g (B) 0、$2g$、$3g$
   (C) $3g$、0、$2g$ (D) g、0、$3g$

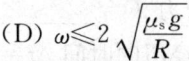

图 3

二、填空题

1. 质量为 m 的小球，用轻绳 AB、BC 连接，如图 4 所示，其中 AB 水平．剪断绳 AB 前后的瞬间，绳 BC 中的张力比 $T:T'=$ _____．

2. 竖直上抛一质量为 m 的小球，初速度为 v_0．若空气阻力的大小与速度的平方成正比，比例系数为 km，则小球上升的最大高度 $h=$ _____．

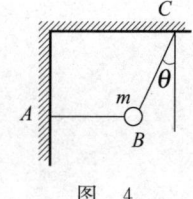

图 4

3. 一质量为 M 的质点沿 x 轴正向运动，假设该质点通过坐标为 x 的位置时速度的大小为 kx（k 为正值常量），则此时作用于

该质点上的力 $F=$_____,该质点从 $x=x_0$ 点出发运动到 $x=x_1$ 处所经历的时间 $\Delta t=$_____.

4. 一个质量为 m 的质点,沿 x 轴作直线运动,受到的作用力为 $\boldsymbol{F}=F_0\cos\omega t\boldsymbol{i}$ (SI 制),$t=0$ 时刻,质点的位置坐标为 x_0,初速度 $v_0=0$. 则:

(1) 质点的速度和时间的关系式是 $v=$_____;

(2) 质点的位置坐标和时间的关系式是 $x=$_____.

三、计算题

1. 一质量为 2 kg 的质点,在 xy 平面上运动,受到外力 $\boldsymbol{F}=4\boldsymbol{i}-24t^2\boldsymbol{j}$ (SI 制)的作用,$t=0$ 时,它的初速度为 $\boldsymbol{v}_0=3\boldsymbol{i}+4\boldsymbol{j}$ (SI 制),求 $t=1$ s 时质点的速度及受到的法向力 $\boldsymbol{F}_n$.

2. 质量为 m 的子弹以速度 v_0 水平射入沙土中,设子弹所受阻力与速度的关系为 $f=-Kv$,忽略子弹的重力,求:

(1) 子弹射入沙土后,速度随时间变化的函数式;

(2) 子弹进入沙土的最大深度;

(3) 子弹进入沙土的最大深度时所需的时间.

3. 重物 A 和 B 的重量分别为 $P_A=200$ N 和 $P_B=400$ N,固定在弹簧的两端,弹簧的质量与物体 A、B 的质量相比,可以忽略不计. 重物 A 沿铅垂线作简谐振动,以 A 的平衡位置为坐标原点,取竖直向下为坐标轴的正向,如图 5 所示. 已知 A 的运动方程为 $x=0.01\cos 8\pi t$ (SI 制),求:

(1) 弹簧对 A 的作用力的最大值和最小值;

(2) 重物 B 对支承面的压力的最大值和最小值.

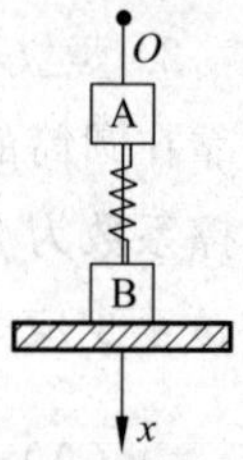

图 5

4. 一半径为 R 的光滑半球面固定于水平地面上,今使一质量为 M 的物块从球面顶点几乎无初速地滑下,如图6所示. 求:

(1) 物块所在球面处的半径与竖直方向的夹角为 θ 时,它的法向加速度、切向加速度以及总加速度的大小;

(2) 当它滑至何处($\theta=?$)脱离球面;

(3) 若物块有一初始水平速度 v_0,则它滑至何处($\theta=?$)脱离球面?

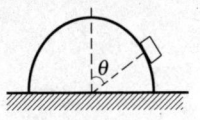

图 6

四、综合讨论题

1. 如图7所示,假设物体沿着竖直面上圆弧形轨道下滑,轨道是光滑的,从 A 点由静止开始下滑的过程中,问:

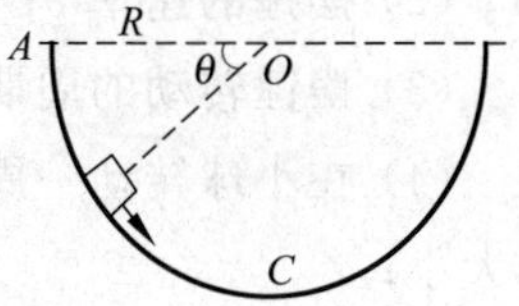

(1) 物体在 A 处的切向加速度和 C 处的法向加速度?

(2) 在图中 θ 位置时物体的速度和所受的轨道支持力?

(3) 在从 A 至 C 的下滑过程中,下面说法正确的是(　　).

(A) 它的加速度大小不变,方向永远指向圆心

(B) 它的速率均匀增加

(C) 它的合外力大小变化,方向永远指向圆心

(D) 它的合外力大小不变

(E) 轨道支持力的大小不断增加

图 7

2. 一圆锥摆摆长为 l、摆锤质量为 m，在水平面上作匀速圆周运动，摆线与铅直线夹角 θ，如图 8 所示，求：

(1) 摆线的张力 T；

(2) 摆锤的速率 v；

(3) 摆锤转动的周期；

(4) 在小球转动一周的过程中，小球动量增量的大小；

(5) 在小球转动一周的过程中，小球所受重力的冲量的大小和方向；

(6) 在小球转动一周的过程中，小球所受绳子拉力的冲量大小和方向．

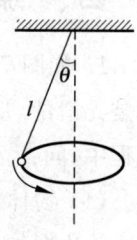

图 8

动量与冲量

一、选择题

1. 质量为 m 的质点，以不变速率 v 沿图 1 中正三角形 $ABCA$ 的方向运动一周。作用于 A 处质点的冲量的大小和方向为 [　].

   (A) $I=2mv$；水平向右
   (B) $I=2mv$；水平向左
   (C) $I=\sqrt{3}mv$；垂直向下
   (D) $I=\sqrt{3}mv$；垂直向上

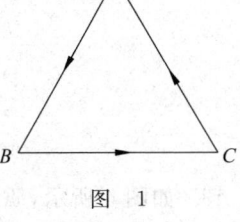

图 1

2. 动能为 E_k 的 A 物体与静止的 B 物体碰撞，设 A 物体的质量为 B 物体的 2 倍，$m_A = 2m_B$. 若碰撞为完全非弹性的，则碰撞后两物体总动能为 [　].

   (A) E_k (B) $\dfrac{2}{3}E_k$ (C) $\dfrac{1}{2}E_k$ (D) $\dfrac{1}{3}E_k$

3. 一物体质量为 10 kg，在力 $F=3+4t$（SI 制）作用下从静止开始作直线运动，则 3 s 末物体速度的大小 [　].

   (A) 1.8 m/s   (B) 2.7 m/s
   (C) 3.6 m/s   (D) 4.5 m/s

4. 一物体在力 $F=-k\sin\omega t$ 的作用下运动，经过时间 $\Delta t = \dfrac{\pi}{2\omega}$ 后，物体的动量增量为 [　].

   (A) $k\omega$ (B) $-\dfrac{k}{\omega}$ (C) $-k\omega$ (D) $\dfrac{k}{\omega}$

二、填空题

1. 质量为 m 的小球自高为 y_0 处沿水平方向以速率 v_0 抛出，与地面碰撞后跳起的最大高度为 $\dfrac{1}{2}y_0$，水平速率为 $\dfrac{1}{2}v_0$，如图 2 所示，则碰撞过程中

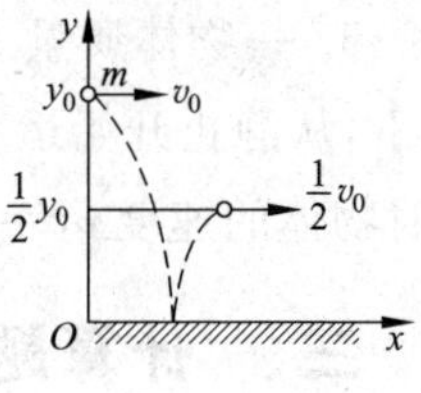

   (1) 地面对小球的竖直冲量的大小为 ＿＿＿＿＿＿＿＿；

   (2) 地面对小球的水平冲量的大小为 ＿＿＿＿＿＿＿＿.

   图 2

2. 一质量为 m 的物体，以初速 v_0 从地面抛出，抛射角 $\theta = 30°$，如忽略空气阻力，则从抛出到刚要接触地面的过程中，

   (1) 物体动量增量的大小为 ＿＿＿＿＿＿＿＿，

   (2) 物体动量增量的方向为 ＿＿＿＿＿＿＿＿.

3. 两个相互作用的物体 A 和 B，无摩擦地在一条水平直线上运动. 物体 A 的动量是时间的函数，表达式为 $P_A = P_0 - bt$，式中 P_0、b 分别为正值常量，t 是时间. 在下列两种情况下，写出物体 B 的动量作为时间函数的表达式：

   (1) 开始时，若 B 静止，则 $P_{B1} = $ ＿＿＿＿＿＿＿＿；

   (2) 开始时，若 B 的动量为 $-P_0$，则 $P_{B2} = $ ＿＿＿＿＿＿＿＿.

4. 一颗子弹在枪筒里前进时所受的合力大小为

$$F=400-\frac{4\times10^5}{3}t \text{ (SI 制)},$$

子弹从枪口射出时的速率为 300 m/s. 假设子弹离开枪口时合力刚好为零,则

(1) 子弹走完枪筒全长所用的时间 $t=$ _____;

(2) 子弹在枪筒中所受力的冲量 $I=$ _____;

(3) 子弹的质量 $m=$ _____.

5. 一物体质量 $M=2$ kg,在合外力 $\boldsymbol{F}=(3+2t)\boldsymbol{i}$ (SI 制)的作用下,从静止开始运动,式中 $\boldsymbol{i}$ 为方向一定的单位矢量,则当 $t=1$ s 时物体的速度 $\boldsymbol{v}_1=$ _____.

2. 光滑水平面上有两个质量不同的小球 A 和 B. A 球静止,B 球以速度 v 和 A 球发生碰撞.碰撞后 B 球速度的大小为 $\frac{1}{2}v$,方向与 v 垂直,求碰后 A 球运动方向.

三、计算题

1. 质量为 m,速率为 v 的小球,以入射角 α 斜向与墙壁相碰,又以原速率沿反射角 α 方向从墙壁弹回,如图 3 所示.设碰撞时间为 Δt,求墙壁受到的平均冲力.

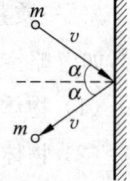

图 3

3. 如图 4 所示,质量为 m_2 的物体与轻弹簧相连,弹簧另一端与一质量可忽略的挡板连接,静止在光滑的桌面上.弹簧劲度系数为 k. 今有一质量为 m_1,速度为 v_0 的物体向弹簧运动并与挡板正碰,求弹簧最大的被压缩量.

图 4

4. 一质量为 m 的子弹,水平射入悬挂着的静止沙袋中,如图 5 所示.沙袋质量为 M,悬线长为 l.为使沙袋能在竖直平面内完成整个圆周运动,子弹至少应以多大的速度射入?若悬线是硬直杆呢?

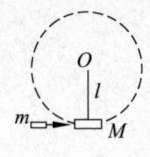

图 5

5. 如图 6 所示,质量 M 的笼子,用轻弹簧悬挂起来,静止在平衡位置,弹簧伸长 x_0,今有 m 的油灰由距离笼底高 h 处自由落到笼底上,求笼子向下移动的最大距离.

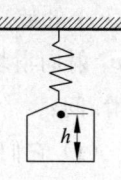

图 6

6. 如图 7 所示,在地面上固定一半径为 R 的光滑球面,球面顶点 A 处放一质量为 M 的滑块.一质量为 m 的油灰球,以水平速度 v_0 射向滑块,并粘附在滑块上一起沿球面下滑.问:

(1) 它们滑至何处($\theta=$?)脱离球面?

(2) 如欲使二者在 A 处就脱离球面,则油灰球的入射速率至少为多少?

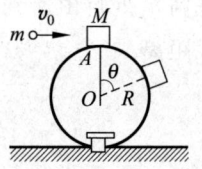

图 7

功 与 能

一、选择题

1. 一质点在如图1所示的坐标平面内作圆周运动,有一力 $F=F_0(xi+yj)$ 作用在质点上.在该质点从坐标原点运动到 $(0,2R)$ 位置过程中,力 F 对它所做的功为[ ].

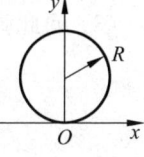

图 1

   (A) F_0R^2 (B) $2F_0R^2$
   (C) $3F_0R^2$ (D) $4F_0R^2$

2. 某质点在力 $F=3x^2$ (SI制)的作用下沿 x 轴作直线运动,在从 $x_1=1$ m 移动到 $x_2=2$ m 的过程中,力 F 所做的功为[ ].

   (A) 3 J (B) 7 J (C) 21 J (D) 42 J

3. 质量为 m 的一艘宇宙飞船关闭发动机返回地球时,可认为该飞船只在地球的引力场中运动.已知地球质量为 M,万有引力恒量为 G,则当它从距地球中心 R_1 处下降到 R_2 处时,飞船增加的动能应等于[ ].

   (A) $\dfrac{GMm}{R_2}$ (B) $\dfrac{GMm}{R_2^2}$ (C) $GMm\dfrac{R_1-R_2}{R_1R_2}$

   (D) $GMm\dfrac{R_1-R_2}{R_1^2}$ (E) $GMm\dfrac{R_1-R_2}{R_1^2R_2^2}$

4. 如图2所示,劲度系数为 k 的轻弹簧在质量为 m 的木块和外力(未画出)作用下,处于被压缩的状态,其压缩量为 x.当撤去外力后弹簧被释放,木块沿光滑斜面弹出,最后落到地面上.以下几种说法中正确的是[ ].

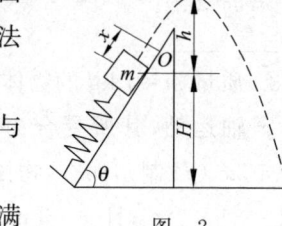

图 2

   (A) 在此过程中,木块的动能与弹性势能之和守恒
   (B) 木块到达最高点时,高度 h 满足 $\dfrac{1}{2}kx^2=mgh$
   (C) 木块落地时的速度 v 满足 $\dfrac{1}{2}kx^2+mgH=\dfrac{1}{2}mv^2$
   (D) 木块落地点的水平距离随 θ 的不同而异,θ 愈大,落地点愈远

5. 有一劲度系数为 k 的轻弹簧,原长为 l_0,将它吊在天花板上.当它下端挂一托盘平衡时,其长度变为 l_1.然后在托盘中放一重物,弹簧长度变为 l_2,则由 l_1 伸长至 l_2 的过程中,弹性力所做的功为[ ].

   (A) $-\displaystyle\int_{l_1}^{l_2}kx\,dx$ (B) $\displaystyle\int_{l_1}^{l_2}kx\,dx$

   (C) $-\displaystyle\int_{l_1-l_0}^{l_2-l_0}kx\,dx$ (D) $\displaystyle\int_{l_1-l_0}^{l_2-l_0}kx\,dx$

二、填空题

1. 一质点在二恒力共同作用下,位移为 $\Delta r=3i+8j$ (SI制).在此过程中,动能增量为 24 J.已知其中一恒力 $F_1=12i-3j$ (SI制),

则另一恒力所做的功为_____.

2. 如图 3 所示，木块 m 沿固定的光滑斜面下滑，当下降 h 高度时，重力做功的瞬时功率为_____.

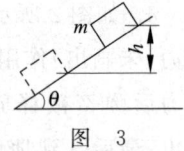

图 3

3. 质量 $m=1$ kg 的物体，在坐标原点处从静止出发在水平面内沿 x 轴运动，其所受合力方向与运动方向相同，合力大小为 $F=3+2x$（SI 制），那么，物体在开始运动的 3 m 内，合力所做的功 $W=$ _____；且 $x=3$ m 时，其速率 $v=$ _____.

4. 有一劲度系数为 k 的轻弹簧，竖直放置，下端悬一质量为 m 的小球. 先使弹簧为原长，而小球恰好与地接触. 再将弹簧上端缓慢地提起，直到小球刚能脱离地面为止，如图 4 所示. 在此过程中外力所做的功为_____.

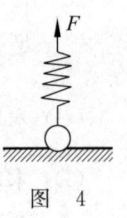

图 4

三、计算题

1. 一物体按规律 $x=ct^3$ 在流体媒质中作直线运动，式中 c 为常量，t 为时间. 设媒质对物体的阻力正比于速度的平方，阻力系数为 k，试求物体由 $x=0$ 运动到 $x=l$ 时，阻力所做的功.

2. 某弹簧不遵守胡克定律. 设施力 F，相应伸长为 x，力与伸长的关系为

$$F = 52.8x + 38.4x^2 \text{(SI 制)},$$

(1) 求将弹簧从伸长 $x_1=0.50$ m 拉伸到伸长 $x_2=1.00$ m 时，外力所需做的功.

(2) 将弹簧横放在水平光滑桌面上，一端固定，另一端系一个质量为 2.17 kg 的物体，然后将弹簧拉伸到一定伸长 $x_2=1.00$ m，再将物体由静止释放，求当弹簧回到 $x_1=0.50$ m 时，物体的速率.

(3) 问此弹簧的弹力是保守力吗？

3. 已知地球质量为 M，半径为 R. 一质量为 m 的卫星从地面发射到距地面高度为 $2R$ 的轨道上. 求：

(1) 在此过程中，地球引力对卫星做的功；

(2) 卫星在轨道上的动能、引力势能和机械能.

4. 质量为 m 的子弹 A，以 v_0 的速率水平射入一静止在水平面上的质量为 M 的木块 B 内。A 射入 B 后，B 向前移动了 S 后停止，求：

(1) B 与水平面间的摩擦系数。

(2) 木块对子弹所做的功 W_1。

(3) 子弹对木块所做的功 W_2。

(4) W_1 与 W_2 的大小是否相等？为什么？

四、综合讨论题

1. 讨论力做功的问题。

(1) 质点系内各质点间相互作用的一对内力做功是否为零？

(2) 关于功的概念有以下几种说法，正确的是 [ ]。

(A) 保守力做正功时，系统内相应的势能增加

(B) 质点运动经一闭合路径，保守力对质点做的功为零

(C) 作用力和反作用力大小相等、方向相反，所以两者做功的代数和必为零

2. 分别写出质点系的动量定理、动能定理、功能原理以及动量守恒和机械能守恒的条件，并判断下列系统的动量和机械能是否守恒。

如图 5 所示，置于水平光滑桌面上质量分别为 m_1 和 m_2 的物体 A 和 B 之间夹有一轻弹簧。问：

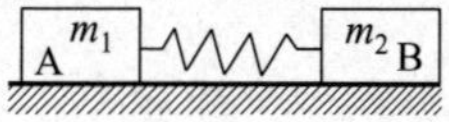

图 5

(A) 若以等值反向的力分别作用于两物体，则两物体和弹簧组成的系统的动量与机械能是否守恒？

(B) 用双手挤压 A 和 B 使弹簧处于压缩状态，然后撤掉外力，在 A 和 B 被弹开的过程中，系统的动量与机械能是否守恒？

(C) 若有质量为 m_3 和 m_4 的物体 C 和 D 分别置于物体 A 与 B 之上(如图 6 所示),且物体 A 和 C、B 和 D 之间的摩擦系数均不为零.首先用外力沿水平方向相向推压 A 和 B,使弹簧被压缩,然后撤掉外力,则在 A 和 B 弹开的过程中,对 A、B、C、D 弹簧组成的系统动量与机械能是否守恒?

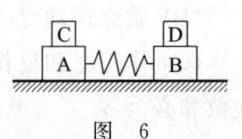

图 6

(3) 外力在 $t=0$ 到 $t=\pi/(2\omega)$ 这段时间内所做的功和冲量;

(4) 质点在 A 点$(A,0)$ 和 B 点$(0,B)$ 时的动能;

(5) 质点所受的合外力 $\boldsymbol{F}$ 以及当质点从 A 点运动到 B 点的过程中 $\boldsymbol{F}$ 的分力 $\boldsymbol{F}_x$ 和 $\boldsymbol{F}_y$ 分别做的功;

(6) 此质点对原点的角动量和此质点所受对原点的力矩.质点在运动过程中对原点的角动量是否守恒?

3. 质量为 m 的质点在外力作用下,其运动学方程为
$$\boldsymbol{r}=A\cos\omega t\boldsymbol{i}+B\sin\omega t\boldsymbol{j},$$
式中 A、B、ω 都是正的常量.求:

(1) 质点的速度和加速度,并讨论加速度的方向;

(2) 质点运动的轨迹方程;

刚体定轴转动（一）

一、选择题

1. 一个转动惯量为 J 的圆盘绕一固定轴转动，起初角速度为 ω_0. 设它所受阻力矩与转动角速度成正比，即 $M=-k\omega$（k 为正的常数），则圆盘的角速度从 ω_0 变为 $\frac{1}{2}\omega_0$ 时所需的时间（SI 制）为 [ ].

  (A) $\dfrac{1}{2}$ (B) $\dfrac{J}{k}$ (C) $\dfrac{J\ln 2}{k}$ (D) $\dfrac{1}{2}k$

2. 一质量均匀分布的圆盘，质量为 M，半径为 R，放在一粗糙水平面上，圆盘与水平面之间的摩擦系数为 μ，圆盘可绕通过其中心的竖直固定光滑轴转动．开始时，圆盘的角速度为 ω_0，当圆盘角速度变为 $\dfrac{\omega_0}{2}$ 所需时间（SI 制）为 [ ].

  (A) $\dfrac{\omega_0 R}{\mu g}$ (B) $\dfrac{\omega_0 R}{2\mu g}$ (C) $\dfrac{3\omega_0 R}{8\mu g}$ (D) $\dfrac{\omega_0 R}{4\mu g}$

3. 一飞轮从静止开始作匀加速转动，飞轮边上一点的法向加速度 a_n 值和切向加速度 a_t 值的变化为 [ ].

  (A) a_n 不变，a_t 为零   (B) a_n 不变，a_t 不变

  (C) a_n 增大，a_t 为零   (D) a_n 增大，a_t 不变

二、填空题

1. 一个以恒定角加速度转动的圆盘，如果在某一时刻的角速度为 $\omega_1=20\pi\,\text{rad/s}$，再转 60 转后角速度为 $\omega_2=30\pi\,\text{rad/s}$，则角加速度 $\beta=$ _____，转过上述 60 转所需的时间 $\Delta t=$ _____.

2. 利用皮带传动，用电动机拖动一个真空泵．电动机上装一半径为 0.1 m 的轮子，真空泵上装一半径为 0.29 m 的轮子，如图 1 所示．如果电动机的转速为 1450 r/min，则真空泵上的轮子的边缘上一点的线速度为 _____，真空泵的转速为 _____.

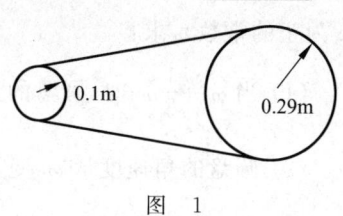

图 1

3. 半径为 30 cm 的飞轮，开始从静止以 0.50 rad·s^{-2} 的匀角加速度转动，则飞轮边缘上一点在飞轮转过 240° 时的切向加速度 $a_t=$ _____，法向加速度 $a_n=$ _____.

4. 一可绕定轴转动的飞轮，在 20 N·m 的总力矩作用下，在 10 s 内转速由零均匀地增加到 8 rad/s，飞轮的转动惯量 $J=$ _____.

5. 一电唱机的转盘以 $n=78$ r/min 的转速匀速转动，则：

（1）转盘上与转轴相距 $r=15$ cm 的一点 P 的线速度 $v=$ _____.

（2）P 的法向加速度 $a_n=$ _____.

（3）在电动机断电后，转盘在恒定的阻力矩作用下减速，并在 $t=15$ s 内停止转动，则转盘在停止转动前转过的圈数

$N =$ _____.

三、计算题

1. 一转动惯量为 J 的圆盘绕一固定轴转动,起初角速度为 ω_0. 设它所受阻力矩与转动角速度的平方成正比,即 $M = -k\omega^2$ (k 为正的常数),求:

(1) 当 $\omega = \frac{1}{2}\omega_0$ 时,圆盘的角加速度;

(2) 圆盘的角速度从 ω_0 变为 $\frac{1}{2}\omega_0$ 时所需的时间.

刚体定轴转动(二)

一、选择题

1. 一根均匀棒 AB，长为 l，质量为 m，可绕通过 A 端且与其垂直的固定轴在竖直面内自由摆动，如图 1 所示，已知转动惯量为 $\frac{1}{3}ml^2$。开始时棒静止在水平位置，当它自由下摆到 θ 角时，B 端速度的大小为[ ].

(A) $\sqrt{gl\sin\theta}$ (B) $\sqrt{6gl\sin\theta}$

(C) $\sqrt{3gl\sin\theta}$ (D) $\sqrt{2gl\sin\theta}$

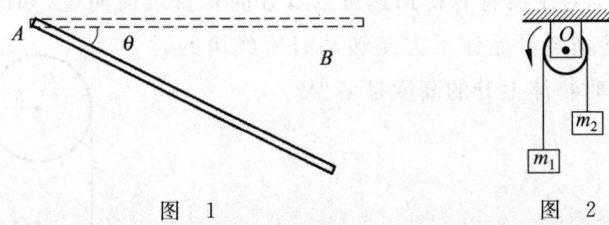

图 1   图 2

2. 一轻绳跨过一具有水平光滑轴、质量为 M 的定滑轮，绳的两端分别悬有质量为 m_1 和 m_2 的物体($m_1 < m_2$)，如图 2 所示。绳与轮之间无相对滑动。若某时刻滑轮沿逆时针方向转动，则绳中的张力[ ].

(A) 处处相等 (B) 左边大于右边

(C) 右边大于左边 (D) 哪边大无法判断

二、填空题

1. 刚体转动惯量的物理意义是_____。影响其大小的相关因素有_____。

2. 一长为 l，质量可以忽略的直杆，可绕通过其一端的水平光滑轴在竖直平面内作定轴转动，在杆的另一端固定着一质量为 m 的小球，如图 3 所示。现将杆由水平位置无初转速地释放。则杆刚被释放时的角加速度 $\beta_0 = $ _____，杆与水平方向夹角为 $60°$ 时的角加速度 $\beta = $ _____。

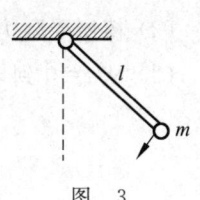

图 3

三、计算题

1. 一长为 l 的均匀直棒可绕过其一端且与棒垂直的水平光滑固定轴转动。抬起另一端使棒向上与水平面成 $60°$，然后无初转速地将棒释放，如图 4 所示。已知棒对轴的转动惯量为 $\frac{1}{3}ml^2$，其中 m 和 l 分别为棒的质量和长度。求：

(1) 放手时棒的角加速度；

(2) 棒转到水平位置时的角加速度。

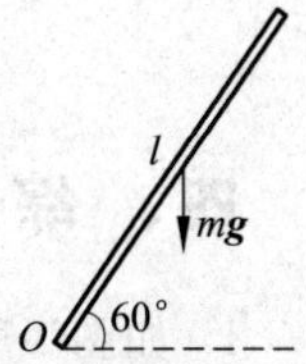

图 4

2. 一质量 m、长 l 的匀质棒,放在水平桌面上,可绕通过其中心的竖直固定轴转动,对轴的转动惯量 $J=ml^2/12$. $t=0$ 时棒的角速度为 ω_0. 由于受到恒定的阻力矩的作用, $t=20$ s 时, 棒停止运动. 求:

(1) 棒的角加速度的大小;
(2) 棒所受阻力矩的大小;
(3) 从 $t=0$ 到 $t=10$ s 时间内棒转过的角度.

四、综合讨论题

1. 如图 5 所示,一个质量为 m 的物体与绕在定滑轮上的绳子相联,绳子质量可以忽略,它与定滑轮之间无滑动. 假设定滑轮质量为 M、半径为 R,其转动惯量为 J, 滑轮轴光滑. 设开始时系统静止,求在 t 时刻:

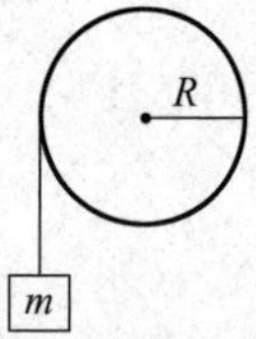

(1) 物体下落的加速度和绳中的张力;
(2) 物体的下落速度;
(3) 物体的下降距离;
(4) 定滑轮转动的角加速度、角速度和转过的角度;
(5) 若将物体改为作用力 $F=mg$,则定滑轮所获得的角加速度与前比较是变大了还是变小了？为什么？

(6) 若定滑轮有初角速度 ω_0,方向垂直纸面向里,如图 6 所示. 求定滑轮开始作反方向转动时所经历的时间？这时物体上升的高度是多少？

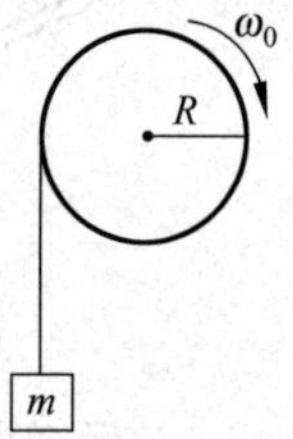

图 5

图 6

2. 如图 7 所示,若定滑轮的半径为 R、转动惯量为 J,两边挂两重物的质量分别为 m_1 和 m_2,且 $m_1 > m_2$,设绳子质量可以忽略,它与定滑轮之间无滑动。开始时系统静止,试求在 t 时刻:

(1) 滑轮的角加速度;

(2) 左右绳中的张力,并比较其大小.

(3) 如图 8 所示,若定滑轮是由半径分别为 R_1 和 R_2 的两个均匀圆盘同轴地粘在一起,对转轴的转动惯量为 J,这时定滑轮的角加速度和各绳中的张力的大小如何?

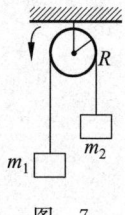

图 7

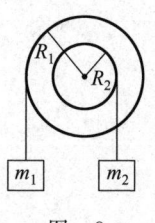

图 8

(4) 若两物体分别挂在两个定滑轮上,如图 9 所示.半径分别为 R_1 和 R_2,各自对转轴的转动惯量为 J_1 和 J_2,这时两定滑轮的角加速度和各绳中的张力的大小如何?

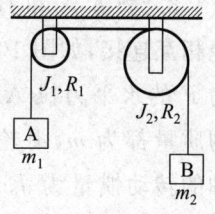

图 9

3. 物体 A 和 B 叠放在水平桌面上，由跨过定滑轮的轻质细绳相互连接，如图 10 所示．今用大小为 F 的水平力拉 A．设 A、B 和滑轮的质量都为 m，滑轮的半径为 R，对轴的转动惯量为 J．A,B 之间、A 与桌面之间、滑轮与其轴之间的摩擦都可以忽略不计，绳与滑轮之间无相对的滑动且绳不可伸长．求：

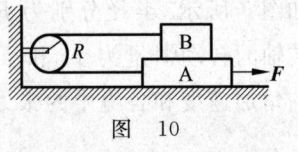

图 10

(1) 滑轮的角加速度；
(2) 物体 A 与滑轮之间的绳中的张力；
(3) 物体 B 与滑轮之间的绳中的张力．

刚体定轴转动(三)

一、选择题

1. 人造地球卫星绕地球作椭圆轨道运动,卫星轨道近地点和远地点分别为 A 和 B. 用 L 和 E_k 分别表示卫星对地心的角动量及其动能的瞬时值,则应有[ ].

   (A) $L_A > L_B$, $E_{kA} > E_{kB}$
   (B) $L_A = L_B$, $E_{kA} < E_{kB}$
   (C) $L_A = L_B$, $E_{kA} > E_{kB}$
   (D) $L_A < L_B$, $E_{kA} < E_{kB}$.

2. 花样滑冰运动员绕通过自身的竖直轴转动,开始时两臂伸开,转动惯量为 J_0,角速度为 ω_0. 然后她将两臂收回,使转动惯量减少为 $\frac{1}{3}J_0$. 这时她转动的角速度变为[ ].

   (A) $\frac{1}{3}\omega_0$ (B) $(1/\sqrt{3})\omega_0$ (C) $\sqrt{3}\omega_0$ (D) $3\omega_0$

3. 光滑的水平桌面上,有一长为 $2L$、质量为 m 的匀质细杆,可绕过其中点且垂直于杆的竖直光滑固定轴 O 自由转动,其转动惯量为 $\frac{1}{3}mL^2$,起初杆静止. 桌面上有两个质量均为 m 的小球,各自在垂直于杆的方向上,正对着杆的一端,以相同速率 v 相向运动,如图1所示. 当两小球同时与杆的两个端点发生完全非弹性碰撞后,就与杆粘在一起转动,则这一系统

图 1

碰撞后的转动角速度应为[ ].

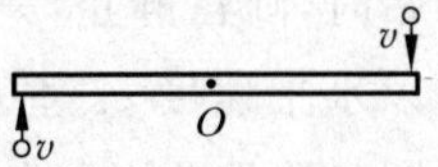

   (A) $\frac{2v}{3L}$ (B) $\frac{4v}{5L}$ (C) $\frac{6v}{7L}$
   (D) $\frac{8v}{9L}$ (E) $\frac{12v}{7L}$

4. 质量为 m 的小孩站在半径为 R 的水平平台边缘上. 平台可以绕通过其中心的竖直光滑固定轴自由转动,转动惯量为 J. 平台和小孩开始时均静止. 当小孩突然以相对于地面为 v 的速率在台边缘沿逆时针转向走动时,则此平台相对地面旋转的角速度和旋转方向分别为[ ].

   (A) $\omega = \frac{mR^2}{J}\left(\frac{v}{R}\right)$,顺时针

   (B) $\omega = \frac{mR^2}{J}\left(\frac{v}{R}\right)$,逆时针

   (C) $\omega = \frac{mR^2}{J+mR^2}\left(\frac{v}{R}\right)$,顺时针

   (D) $\omega = \frac{mR^2}{J+mR^2}\left(\frac{v}{R}\right)$,逆时针

二、填空题

1. 质量为 m 的质点以速度 v 沿一直线运动,则它对该直线上任一点的角动量为_____;它对直线外垂直距离为 d 的一点的角动量大小是_____.

2. 定轴转动刚体的角动量(动量矩)定理的内容是_____,其数学表达式可写成_____;动量矩守恒的条件是_____.

3. 质量为 $M=0.03$ kg,长为 $l=0.2$ m 的均匀细棒,可在水平面内绕通过棒中心并与棒垂直的光滑固定轴转动,其转动惯量为 $Ml^2/12$. 棒上套有两个可沿棒滑动的小物体,它们的质量均为 $m=0.02$ kg. 开始时,两个小物体分别被夹子固定于棒中心的两边,到中心的距离均为 $r=0.05$ m,棒以 0.5π rad/s 的角速度转动. 今将夹子松开,两小物体就沿细棒向外滑去,当达到棒端时棒的角速度 $\omega=$ _____.

4. 如图 2 所示,A 和 B 两飞轮的轴杆在同一中心线上,设两轮的转动惯量分别为 $J=10$ kg·m² 和 $J=20$ kg·m². 开始时,A 轮转速为 600 r/min,B 轮静止. C 为摩擦啮合器,其转动惯量可忽略不计. A、B 分别与 C 的左、右两个组件相连,当 C 的左右组件啮合时,B 轮得到加速而 A 轮减速,直到两轮的转速相等为止. 设轴光滑,则

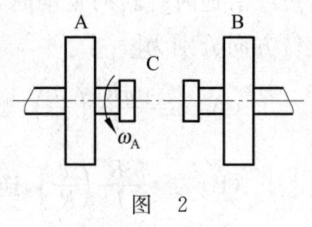

图 2

(1) 两轮啮合后的转速 $n=$ _____;
(2) A 轮所受的冲量矩 = _____;
(3) B 轮所受的冲量矩 = _____.

三、计算题

1. 将一质量为 m 的小球,系于轻绳的一端,绳的另一端穿过光滑水平桌面上的小孔用手拉住,如图 3 所示. 先使小球以角速度 ω_1 在桌面上作半径为 r_1 的圆周运动,然后缓慢将绳下拉,使半径缩小为 r_2,求

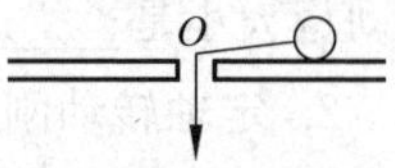

图 3

(1) 此时的角速度;
(2) 在此过程中拉力所做的功;
(3) 若已知绳最多承受的拉力为 N,求绳刚被拉断时小球的转动半径?

2. 如图 4 所示,一质量均匀分布的圆盘,质量为 M,半径为 R,放在一粗糙水平面上(圆盘与水平面之间的摩擦系数为 μ),圆盘可绕通过其中心 O 的竖直固定光滑轴转动. 开始时,圆盘静止,一质量为 m 的子弹以水平速度 v_0 垂直于圆盘半径打入圆盘边缘并嵌在盘边上,求:

(1) 子弹击中圆盘后,盘所获得

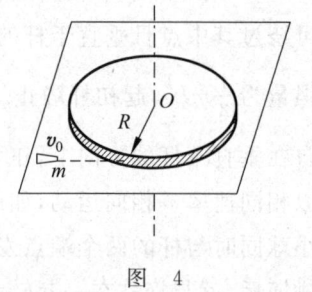

图 4

的角速度；

(2) 经过多少时间后，圆盘停止转动．

（圆盘绕通过 O 的竖直轴的转动惯量为 $\frac{1}{2}MR^2$，忽略子弹重力造成的摩擦阻力矩）

3. 如图 5 所示，一静止的均匀细棒，长为 L、质量为 M，可绕通过棒的端点且垂直于棒长的光滑固定轴 O 在水平面内转动，转动惯量为 $\frac{1}{3}ML^2$．一质量为 m、速率为 v 的子弹在水平面内沿与棒垂直的方向射出并穿出棒的自由端，设穿过棒后子弹的速率为 $\frac{1}{2}v$，求：

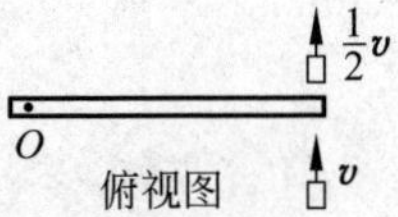

（1）此时棒的角速度．

（2）若棒转动时受到大小为 M_r 的恒定阻力矩作用，棒能转过多大的角度 θ？经历的时间是多少？

4. 设开始时棒静止在竖直位置，如图 6 所示，有一质量为 m 的子弹以水平速度 v_0 射入棒下端，并嵌在棒中，求：

（1）子弹射入后瞬间棒的角速度 ω；

（2）棒和子弹组成的系统能摆起的最大摆角．

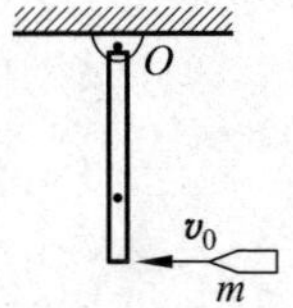

图 6

四、综合讨论题

1. 一根均匀棒,长为 L、质量为 M,可绕通过其一端且与其垂直的固定轴在竖直面内自由转动.已知均匀棒对于通过其一端垂直于棒的轴的转动惯量为 $\frac{1}{3}ML^2$.开始时设棒静止在水平位置,

(1) 当它自由下摆时,求它的初角速度和初角加速度;

(2) 当它摆动到与竖直位置的夹角为 θ 时的角加速度和角速度为多少?

(3) 当它摆动到竖直位置时的角加速度、角速度和转动动能为多少?

(4) 当它摆动到竖直位置的过程中,它是匀角加速度摆动吗?其角速度和角加速度是如何变化的?

2. 假设卫星环绕地球中心作圆周运动,讨论在运动过程中卫星对地球中心的角动量、动能、机械能、动量是否守恒?

气体动理论

一、选择题

1. 三个容器 A、B、C 中装有同种理想气体,其分子数密度 n 相同,而分子的平均平动动能之比为 $\overline{w_A}:\overline{w_B}:\overline{w_C}=1:2:4$,则它们的压强之比 $p_A:p_B:p_C$ 为[ ].

   (A) 1:2:4　　　　　　(B) 1:4:8
   (C) 1:4:16　　　　　 (D) 4:2:1

2. 已知氢气与氧气的平均平动动能相同,但分子数密度不相等,请判断下列说法哪个正确?[ ]

   (A) 压强相等,温度不相等
   (B) 压强相等,温度相等
   (C) 压强不相等,温度相等
   (D) 压强不相等,温度不相等

3. 在标准状态下,若氢气(视为刚性双原子分子的理想气体)和氦气的体积比 $V_1/V_2=1/4$,则其内能之比 E_1/E_2 为[ ].

   (A) 3/10　　(B) 1/2　　(C) 5/12　　(D) 5/3

4. 下列四种情况中,一定能使理想气体分子的平均自由程增加的是[ ].

   (A) 提高温度　　　　　(B) 提高温度,降低压强
   (C) 降低压强　　　　　(D) 提高压强,降低温度

5. 关于温度的意义,下列几种说法中正确的是[ ].

   (A) 气体的温度是分子平均平动动能的量度
   (B) 气体的温度是大量气体分子热运动的集体表现,具有统计意义
   (C) 温度的高低反映物质内部分子运动剧烈程度的不同
   (D) 从微观上看,气体的温度表示每个气体分子的冷热程度

6. 在等温条件下,当一定量理想气体的体积增加时,分子的平均碰撞次数 Z 和平均自由程 λ 的变化为[ ].

   (A) Z 减小,λ 增大　　　(B) Z 减小,λ 减小
   (C) Z 增大,λ 减小　　　(D) Z 增大,λ 增大

二、填空题

1. 压强为 p、体积为 V 的理想气体,若为单原子分子理想气体,其内能为_____;若为双原子分子理想气体,其内能为_____;若为多原子分子理想气体,其内能为_____.

2. 三个容器内分别贮有 1 mol 氦(He)、1 mol 氢(H_2)和 1 mol 氨(NH_3)(均视为刚性分子的理想气体).若它们的温度都升高 1 K,则三种气体内能的增加值分别为:

   氦:$\Delta E=$_____;

   氢:$\Delta E=$_____;

   氨:$\Delta E=$_____.

   (普适气体常量 $R=8.31$ J·mol^{-1}·K^{-1})

3. 对于单原子分子理想气体,下面各式分别代表什么物理意

义？(式中 R 为普适气体常量，T 为气体的温度)

(1) $\frac{3}{2}RT$：_____，

(2) $\frac{3}{2}R$：_____，

(3) $\frac{5}{2}R$：_____，

(4) $\frac{3}{2}kT$：_____，

(5) $\frac{1}{2}kT$：_____．

4. 1 mol 刚性双原子分子的理想气体贮存于一密闭容器中，温度为 T，气体的内能为_____；分子的平均平动动能为_____；分子的平均总动能为_____．

5. 在标准状态下，氢气（视为刚性双原子分子气体）与氦气的单位体积内能之比为_____，氢气与氦气的单位质量内能之比为_____．

6. (1) 若图 1 所示的两条曲线分别表示两种气体分子在同一温度下的分子速率的分布情况，比较曲线 Ⅰ 和曲线 Ⅱ 的气体分子质量的大小：_____．

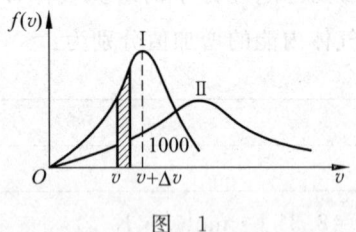

图 1

(2) 若图 1 所示的两条曲线分别表示同种气体分子在不同温度下的分子速率的分布情况，比较曲线 Ⅰ 和曲线 Ⅱ 的对应的热力学温度的大小：_____．

(3) 画有阴影的小长条面积表示：_____．

(4) 分布曲线下所包围的面积表示：_____．

(5) 图 1 所示的曲线分别表示了氢气和氦气在同一温度下的分子速率的分布情况．由图 1 可知，氦气分子的最概然速率为_____，氢气分子的最概然速率为_____．

7. 在平衡状态下，已知理想气体分子的麦克斯韦速率分布函数为 $f(v)$、分子质量为 m、最概然速率为 v_p，试说明下列各式的物理意义：

(1) $f(v)$ 表示_____

(2) $\int_{v_p}^{\infty} f(v)\mathrm{d}v$ 表示_____

(3) $\int_{v_p}^{\infty} Nf(v)\mathrm{d}v$ 表示_____．

(4) $\int_0^{\infty} v^2 f(v)\mathrm{d}v$ 表示_____

(5) $\int_0^{\infty} \frac{1}{2}mv^2 f(v)\mathrm{d}v$ 表示_____

(6) $\int_0^{\infty} vf(v)\mathrm{d}v$ 表示_____．

8. 一定量的某种理想气体，从初始状态 (V, p) 出发，先是经等温过程使体积增加到 $2V$，再经等体过程使压强变为 $4p$，则分子的平均自由程变为原来的_____倍．

9. 比较方均根速率、平均速率和最概然速率的大小：_____．

三、讨论题

1. 从分子动理论导出的压强公式来看,气体作用在器壁上的压强决定于哪些因素?

2. 试从分子动理论的观点解释:当气体的温度升高时,只要适当地增大容器的容积就可以使气体的压强保持不变.

3. 对一定质量的气体来说,当温度不变时,气体的压强随体积减小而增大(玻意耳定律);当体积不变时,压强随温度升高而增大(查理定律).从宏观来看,这两种变化同样使压强增大,从微观分子运动看,它们的区别在哪里?

4. 从分子动理论的观点来看,温度的实质是什么?

5. 什么叫理想气体的内能？它能否等于零？为什么？

6. 有两个容器，一个装氢气（H_2），一个装氩气（Ar），均视为理想气体. 已知两种气体的体积、质量、温度都相等. 问：

(1) 两种气体的压强是否相等？为什么？

(2) 每个氢分子和每个氩分子的平均平动动能是否相等？为什么？

(3) 两种气体的内能是否相等？为什么？

(氩的摩尔质量 $M_{mol} = 40 \times 10^{-3}$ kg/mol)

热力学基础(一)

一、选择题

1. 对于刚性双原子分子理想气体,在等压膨胀的情况下,若系统从外界吸收的热量等于 Q,则对外所做的功为[ ].

(A) $\dfrac{2}{3}Q$ (B) $\dfrac{1}{2}Q$ (C) $\dfrac{2}{5}Q$ (D) $\dfrac{2}{7}Q$

2. 一定量的理想气体,从 p-V 图(见图1)上初态 a 经历(1)或(2)过程到达末态 b,已知 a、b 两态处于同一条绝热线上(图中虚线是绝热线),则气体在[ ].

(A) (1)过程中吸热,(2)过程中放热

(B) (1)过程中放热,(2)过程中吸热

(C) 两种过程中都吸热

(D) 两种过程中都放热

图 1

3. 两个相同的容器,一个盛氧气,一个盛氦气(均视为刚性分子理想气体),开始时它们的压强和温度都相等,现将3J热量传给氦气,使之升高到一定温度.若使氧气也升高同样温度,则应向氧气传递热量[ ].

(A) 12 J   (B) 5 J   (C) 6 J   (D) 10 J

4. 如图所示,一定量的理想气体,沿着图2中直线从状态 A 变到状态 B.则在此过程中[ ].

(A) 气体内能增加,向外界放出热量

(B) 气体对外做正功,内能不变

(C) 气体对外做负功,内能增加

(D) 气体对外做正功,内能减少

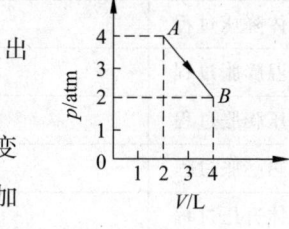

图 2

5. 相同摩尔数的氧气和氦气从同一初态出发,经等体过程使气体的压强增加到原来的2倍,氧气和氦气吸收的热量之比为[ ].

(A) 1∶1   (B) 5∶3   (C) 6∶5   (D) 2∶1

二、填空题

1. 在下列理想气体各种过程中,哪些过程可能发生?哪些过程不可能发生?为什么?

(A) 等体积加热时,内能减少,同时压强升高_____.

(B) 等温压缩时,压强升高,同时吸热_____.

(C) 等压压缩时,内能增加,同时吸热_____.

(D) 绝热压缩时,压强升高,同时内能增加_____.

2. 设为理想气体系统,讨论下表各过程系统所吸收的热量、内能的增量和对外做功的正负.哪些过程都为正?哪些过程都

为负?

过　程	吸收的热量	内能的增量	对外做功	分　析
等体降压过程				
等温膨胀过程				
等压膨胀过程				
绝热膨胀过程				
等体升压过程				
等温压缩过程				
绝热压缩过程				
等压压缩过程				

三、讨论题

如图 3 所示,一定量理想气体从状态 A 出发,由体积 V_1 膨胀到体积 V_2,分别经历的过程是:$A \to B$ 等压过程,$A \to C$ 等温过程;$A \to D$ 绝热过程,讨论哪个过程气体对外做功最大、气体吸热最多、内能改变最多、温度改变最多?

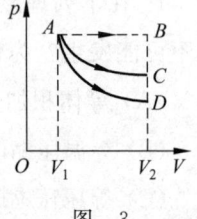

图 3

热力学基础(二)

一、选择题

1. 一定量的理想气体经历图 1 所示循环过程,下列判断正确的是[ ].

   (A) ab 过程内能增加,从外界吸热

   (B) bc 过程做负功,内能减少

   (C) cd 过程吸热

   (D) da 过程内能增加

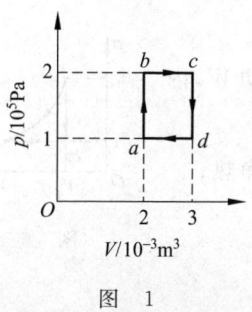

图 1

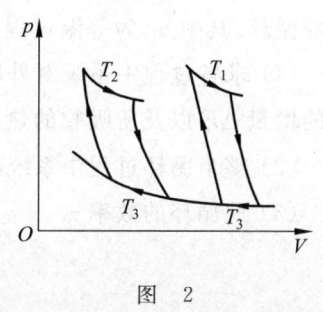

图 2

2. 两个卡诺热机的循环曲线如图 2 所示,一个工作在温度为 T_1 与 T_3 的两个热源之间,另一个工作在温度为 T_2 与 T_3 的两个热源之间,已知这两个循环曲线所包围的面积相等.由此可知[ ].

   (A) 两个热机的效率一定相等

   (B) 两个热机从高温热源所吸收的热量一定相等

   (C) 两个热机向低温热源所放出的热量一定相等

   (D) 两个循环过程所做的净功一定相等

3. 1 mol 某种理想气体所经历如下的循环过程:从初态 (V_0, p_0) 开始,先经等温过程使其体积增大 1 倍,再经等体升压过程回复到初始压强,最后经等压压缩过程使其体积回复为 V_0,则气体在此循环过程中[ ].

   (A) 对外做的净功为正值 (B) 对外做的净功为负值

   (C) 内能减少   (D) 从外界净吸的热量为正值

4. 对于图 3 所示循环过程,下列结论正确的是[ ].

   (A) 其中的 AB 过程是一个吸热过程

   (B) 其中的 CA 过程是一个吸热过程

   (C) 内能减少

   (D) 从外界净吸的热量为负值

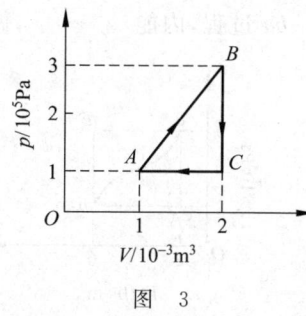

图 3

二、填空题

1. 一卡诺热机(可逆的),用 10 mol 空气为工作物质,低温热源的温度为 27℃,热机效率为 40%,其高温热源温度为 _____ K. 若在等温膨胀的过程中气缸体积增大到 2.718 倍,则此热机每一

循环所做的功为_____.今欲将该热机效率提高到 50%,若低温热源保持不变,则高温热源的温度应增加_____K.(普适气体常量 $R=8.31 \text{ J}\cdot\text{mol}^{-1}\cdot\text{K}^{-1}$)

2. 如图 4 所示,1 mol 理想气体经历 acb 过程时吸热 1000 J.则经历 acbda 过程时,吸热为_____.

3. 一定量的理想气体经历如图 5 所示的状态变化过程(ac 过程系统温度不变),判断下列过程的吸放热情况、做功正负和内能增减:

ac 过程,内能_____,做_____功,_____热.

cb 过程,内能_____,做_____功,_____热.

ba 过程,内能_____,做_____功,_____热.

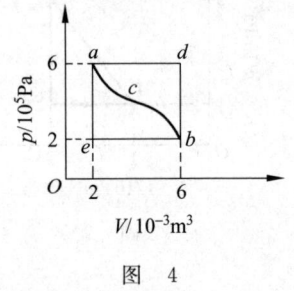

图 4

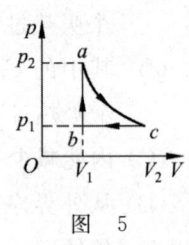

图 5

三、计算题

1. 1 mol 理想气体在 T_1 的高温热源与 T_2 的低温热源间作卡诺循环(可逆的),在 T_1 的等温线上起始体积为 V_1,终止体积为 V_2,试求此气体在每一循环中

(1) 热机的效率;
(2) 从高温热源吸收的热量 Q_1;
(3) 气体所做的净功 W;
(4) 气体传给低温热源的热量 Q_2.

2. 一定量的理想气体(气体分子的自由度为 i)进行如图 6 所示的循环.其中 ac 为等温过程,求:

(1) 求各过程中系统对外所做的功 W,内能的增量 ΔE 以及所吸收的热量 Q;
(2) 整个循环过程中系统净功和净热;
(3) 此循环的效率 η.

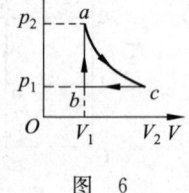

图 6

3. 若 ac 为绝热过程，重新求解 2 题.

5. 若过程如图 8 所示，重新求解 2 题.

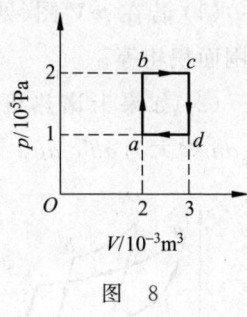

图 8

4. 若过程如图 7 所示，重新求解 2 题.

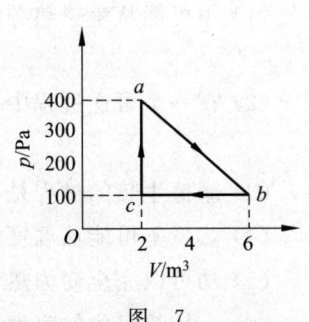

图 7

四、问答与判断题

1. 一定量的理想气体，分别进行如图 9 和图 10 所示的两个卡诺循环，比较两个循环所做的净功和热机效率的大小：

(1) 若在 p-V 图(见图9)上 $abcda$ 和 $a'b'c'd'a'$ 两个循环曲线所围面积相等；

(2) 如果卡诺热机的循环曲线所包围的面积从图10中的 $abcda$ 增大为 $ab'c'da$.

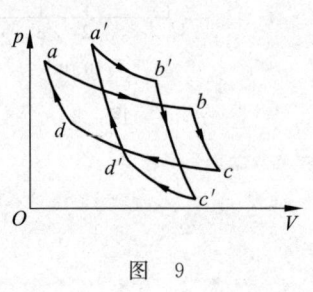

图 9

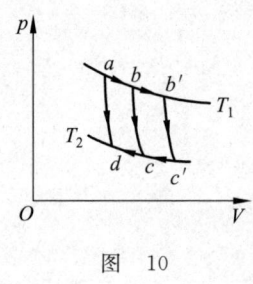

图 10

2. (1) 热力学第一定律的实质是什么？

(2) 热力学第二定律的克劳修斯叙述和开尔文叙述的内容各是什么？

(3) 所谓第一类永动机和第二类永动机指的是什么？能不能制成？为什么？

3. 判断下列说法的正误.

(1) 不可能从单一热源吸收热量使之全部变为有用的功.
( )

(2) 在一个可逆过程中,工作物质净吸热等于对外做的功.
( )

(3) 摩擦生热的过程是不可逆的. ( )

(4) 热量不可能从温度低的物体传到温度高的物体. ( )

(5) 功可以完全变为热量,而热量不能完全变为功. ( )

(6) 一切热机的效率都只能够小于1. ( )

(7) 热量不能从低温物体向高温物体传递. ( )

(8) 热量从高温物体向低温物体传递是不可逆的. ( )

静 电 场（一）

一、选择题

1. 下面列出的真空中静电场的场强公式,其中哪个是正确的？[ ]

(A) 点电荷 q 的电场 $\boldsymbol{E}=\dfrac{q}{4\pi\varepsilon_0 r^2}$（$r$ 为点电荷到场点的距离）

(B) "无限长"均匀带电直线（电荷线密度 λ）的电场 $\boldsymbol{E}=\dfrac{\lambda}{2\pi\varepsilon_0 r^3}\boldsymbol{r}$（$\boldsymbol{r}$ 为带电直线到场点的垂直于直线的矢量）

(C) "无限大"均匀带电平面（电荷面密度 σ）的电场 $\boldsymbol{E}=\dfrac{\sigma}{2\varepsilon_0}$

(D) 半径为 R 的均匀带电球面（电荷面密度 σ）外的电场 $\boldsymbol{E}=\dfrac{\sigma R^2}{\varepsilon_0 r^3}\boldsymbol{r}$（$\boldsymbol{r}$ 为球心到场点的矢量）

2. 图 1 中所示为一沿 x 轴放置的"无限长"分段均匀带电直线,电荷线密度分别为 $+\lambda$（$x<0$）和 $-\lambda$（$x>0$）,则 Oxy 坐标平面上点 $(0,a)$ 处的场强 $\boldsymbol{E}$ 为[ ].

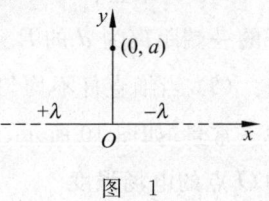

图 1

(A) 0   (B) $\dfrac{\lambda}{2\pi\varepsilon_0 a}\boldsymbol{i}$

(C) $\dfrac{\lambda}{4\pi\varepsilon_0 a}\boldsymbol{i}$ (D) $\dfrac{\lambda}{4\pi\varepsilon_0 a}(\boldsymbol{i}+\boldsymbol{j})$

3. 如图 2 所示,一个电荷为 q 的点电荷位于立方体的 A 角上,则通过侧面 $abcd$ 的电场强度通量等于[ ].

(A) $\dfrac{q}{6\varepsilon_0}$ (B) $\dfrac{q}{12\varepsilon_0}$ (C) $\dfrac{q}{24\varepsilon_0}$ (D) $\dfrac{q}{48\varepsilon_0}$

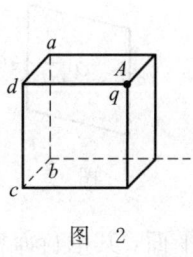

图 2

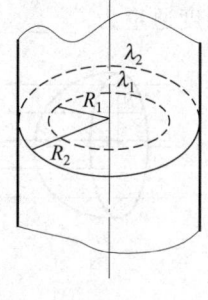

图 3

4. 如图 3 所示,两个"无限长"的、半径分别为 R_1 和 R_2 的共轴圆柱面均匀带电,沿轴线方向单位长度上所带电荷分别为 λ_1 和 λ_2,则：

(1) 在内圆柱面里面、距离轴线为 r 处的点的场强大小 E 为[ ]；

(2) 在外圆柱面外面、距离轴线为 r 处的点的场强大小 E 为[ ]；

(3) 在两圆柱面之间、距离轴线为 r 处的点的场强大小 E 为[ ].

(A) $\dfrac{\lambda_1+\lambda_2}{2\pi\varepsilon_0 r}$ (B) $\dfrac{\lambda_1}{2\pi\varepsilon_0 R_1}+\dfrac{\lambda_2}{2\pi\varepsilon_0 R_2}$

(C) $\dfrac{\lambda_1}{2\pi\varepsilon_0 r}$ (D) 0

二、填空题

1. 半径为 R 的半球面置于场强为 E 的均匀电场中,其对称轴与场强方向一致,如图 4 所示.则通过该半球面的电场强度通量为_____.

2. 有一边长为 a 的正方形平面,在其中垂线上距中心 O 点 $a/2$ 处,有一电荷为 q 的正点电荷,如图 5 所示,则通过该平面的电场强度通量为_____.

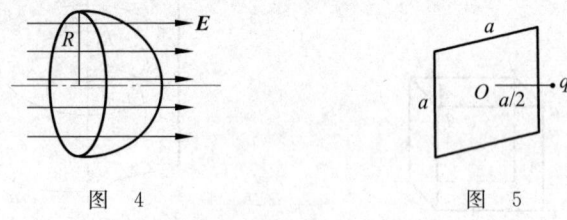

图 4   图 5

3. 两个平行的"无限大"均匀带电平面,其电荷面密度分别为 $+\sigma$ 和 $+2\sigma$,如图 6 所示,则 A、B、C 三个区域的电场强度分别为:

$E_A =$_____,$E_B =$_____,$E_C =$_____.(设方向向右为正)

4. 点电荷 q_1、q_2、q_3 和 q_4 在真空中的分布如图 7 所示.图中 S 为闭合曲面,则通过该闭合曲面的电场强度通量 $\oint_S \boldsymbol{E} \cdot \mathrm{d}\boldsymbol{S} =$ _____,式中 $\boldsymbol{E}$ 是点电荷_____在闭合曲面上任一点产生的场强的矢量和.

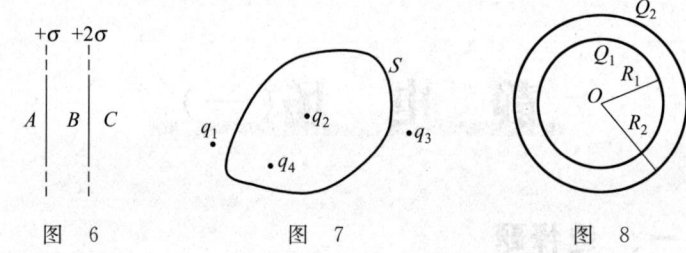

图 6   图 7   图 8

5. 如图 8 所示,两个同心的均匀带电球面,内球面半径为 R_1、带有电荷 Q_1,外球面半径为 R_2、带有电荷 Q_2,则在空间距离球心为 r 处的 P 点的场强大小 E 为_____($r<R_1$);_____($R_1<r<R_2$);_____($r>R_2$).

6. 电子的质量为 m_e,电荷为 $-e$,绕静止的氢原子核(即质子)作半径为 r 的匀速率圆周运动,则电子的速率为_____.

7. 一"无限长"均匀带电直线,电荷线密度为 λ.在它的电场作用下,一质量为 m,电荷为 q 的质点以直线为轴线作匀速率圆周运动.该质点的速率 $v =$ _____.

三、计算题

1. 如图 9 所示,真空中一长为 L 的细直杆.

(1)当细直杆均匀带电,总电荷为 q 时,求在直杆延长线上距杆的一端距离为 d 的 P 点的电场强度.

(2)当细直杆不均匀带电,其电荷线密度为 $\lambda = \lambda_0(x-a)$,λ_0 为一常量.如图 10 所示,求在直杆延长线上距杆的一端距离为 a 的 O 点的电场强度.

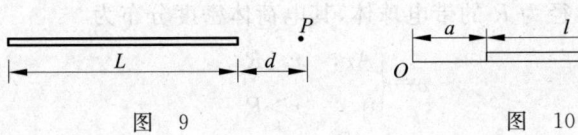

图 9　　　　　　　　图 10

2. 已知带电细线上均匀地带有电荷 $+Q$.

(1) 如图 12 所示,当带电细线弯成半径为 R 的半圆环时,试求圆心 O 点的电场强度.

(2) 讨论当带电细线弯成半径为 R 的圆环或 $\frac{1}{4}$ 圆弧时,圆心 O 点的电场强度是多少？

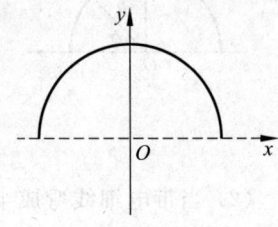

图 12

(3) 如图 11 所示,当细直杆均匀带电,总电荷为 q 时,求距直线的距离为 a 的 P 点的场强,并由此讨论无限长和半无限长带电直线的空间电场分布.

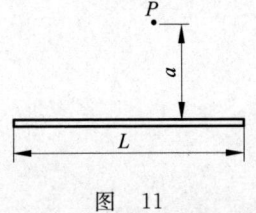

图 11

3. 已知带电细线上的电荷线密度为 $\lambda = \lambda_0 \sin \phi$,式中 λ_0 为一常数,ϕ 为半径 R 与 x 轴所成的夹角(如图 13 所示).

(1) 当带电细线弯成半径为 R 的半圆环时,试求圆心 O 点的电场强度.

39

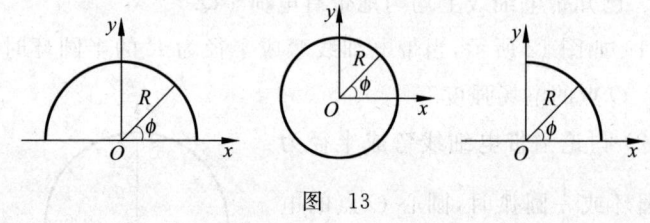

图 13

(2) 当带电细线弯成半径为 R 的圆环或 $\frac{1}{4}$ 圆弧时,圆心 O 点的电场强度为多少?

4. 一半径为 R 的带电球体,其电荷体密度分布为

$$\rho = \begin{cases} Ar, & r \leqslant R \\ 0, & r > R \end{cases}$$

A 为一常量.试求:

(1) 球内、外各点的电场强度;

(2) 讨论 $\rho = A$ 时均匀带电球体的空间电场分布.

5. 如图 14 所示,一厚为 b 的"无限大"带电平板,其电荷体密度分布为 $\rho = kx\ (0 \leqslant x \leqslant b)$,式中 k 为一正的常量. 求:

(1) 平板外两侧任一点 P_1 和 P_2 处的电场强度大小;

(2) 平板内任一点 P 处的电场强度;

(3) 场强为零的点在何处?

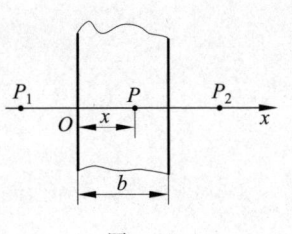

图 14

四、讨论与判断题

1. 分别写出下面典型电场的分布,并画出电场强度的大小 E 与距离 r 之间的 E-r 关系曲线.

带电体	电场强度大小	电场方向	E-r 关系曲线	计算过程
点电荷(Q)				
均匀带电球面(R、Q)				
均匀带电球体(R、Q)				
"无限长"均匀带电直线(λ)				
"无限长"均匀带电圆柱面(R、λ)				
"无限长"均匀带电圆柱体(R、λ)				
"无限大"均匀带电平面(σ)				
两个同心的均匀带电球面(R_1、Q_1,R_2、Q_2)				
两个同轴的"无限长"均匀带电圆柱面(R_1、λ_1,R_2、λ_2)				

2. 关于高斯定理的理解有下面几种说法,判断正误.

(1) 闭合面内的电荷代数和为零时,闭合面上各点场强一定为零.　　　　　　　　　　　　　　　　　　　（　）

(2) 闭合面内的电荷代数和不为零时,闭合面上各点场强一定处处不为零.　　　　　　　　　　　　　　　（　）

(3) 闭合面上各点场强均为零时,闭合面内一定处处无电荷.
　　　　　　　　　　　　　　　　　　　　　　（　）

(4) 如果高斯面内无电荷,则高斯面上 E 处处为零.　（　）

(5) 如果高斯面上 E 处处不为零,则高斯面内必有电荷.
　　　　　　　　　　　　　　　　　　　　　　（　）

(6) 如果高斯面内有净电荷,则通过高斯面的电场强度通量必不为零.　　　　　　　　　　　　　　　　　　（　）

静 电 场（二）

一、选择题

1. 在点电荷 $+q$ 的电场中，若取图 1 中 P 点处为电势零点，则 M 点的电势为[ ].

   (A) $\dfrac{q}{4\pi\varepsilon_0 a}$ (B) $\dfrac{q}{8\pi\varepsilon_0 a}$ (C) $\dfrac{-q}{4\pi\varepsilon_0 a}$ (D) $\dfrac{-q}{8\pi\varepsilon_0 a}$

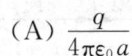

图 1

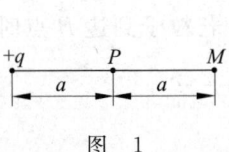

图 2

2. 如图 2 所示，边长为 l 的正方形，在其四个顶点上各放有等量的点电荷．若正方形中心 O 处的场强值和电势值都等于零，则[ ].

   (A) 顶点 a、b、c、d 处都是正电荷
   (B) 顶点 a、b 处是正电荷，c、d 处是负电荷
   (C) 顶点 a、c 处是正电荷，b、d 处是负电荷
   (D) 顶点 a、b、c、d 处都是负电荷

3. 如图 3 所示，两个同心的均匀带电球面，内球面半径为 R_1、带电荷 Q_1，外球面半径为 R_2、带电荷 Q_2．设无穷远处为电势零点，则

   (1) 在两个球面之间、距离球心为 r 处的点的电势 U 为[ ]；
   (2) 在内球面里面、距离球心为 r 处的点的电势 U 为[ ]；
   (3) 在外球面外面、距离球心为 r 处的点的电势 U 为[ ].

   (A) $\dfrac{Q_1+Q_2}{4\pi\varepsilon_0 r}$ (B) $\dfrac{Q_1}{4\pi\varepsilon_0 R_1}+\dfrac{Q_2}{4\pi\varepsilon_0 R_2}$

   (C) $\dfrac{Q_1}{4\pi\varepsilon_0 r}+\dfrac{Q_2}{4\pi\varepsilon_0 R_2}$ (D) $\dfrac{Q_1}{4\pi\varepsilon_0 R_1}+\dfrac{Q_2}{4\pi\varepsilon_0 r}$

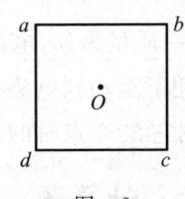

图 3

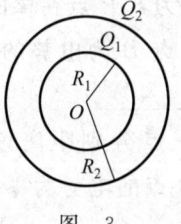

图 4

4. 如图 4 所示，边长为 a 的等边三角形的三个顶点上，分别放置着三个正的点电荷 q、$2q$、$3q$．若将另一正点电荷 Q 从无穷远处移到三角形的中心 O 处，外力所做的功为[ ].

   (A) $\dfrac{\sqrt{3}qQ}{2\pi\varepsilon_0 a}$ (B) $\dfrac{\sqrt{3}qQ}{\pi\varepsilon_0 a}$

   (C) $\dfrac{3\sqrt{3}qQ}{2\pi\varepsilon_0 a}$ (D) $\dfrac{2\sqrt{3}qQ}{\pi\varepsilon_0 a}$

5. 真空中有一点电荷 Q，在与它相距为 r 的 a 点处有一试验电荷 q．现使试验电荷 q 从 a 点沿半圆弧轨道运动到 b 点，如图 5 所示．则电场力对 q 做功为[ ].

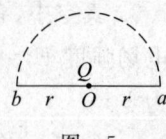

图 5

(A) $\dfrac{Qq}{4\pi\varepsilon_0 r^2}\cdot\dfrac{\pi r^2}{2}$ (B) $\dfrac{Qq}{4\pi\varepsilon_0 r^2}2r$

(C) $\dfrac{Qq}{4\pi\varepsilon_0 r^2}\pi r$ (D) 0

二、填空题

1. AC 为一根长为 $2l$ 的带电细棒,左半部均匀带有负电荷,右半部均匀带有正电荷.电荷线密度分别为 $-\lambda$ 和 $+\lambda$,如图 6 所示.O 点在棒的延长线上,距 A 端的距离为 l.P 点在棒的垂直平分线上,到棒的垂直距离为 l.以棒的中点 B 为电势的零点.则 O 点电势 $U=$_____;P 点电势 $U_0=$_____.

2. 一点电荷 $q=10^{-9}$ C,A、B、C 三点分别距离该点电荷 10 cm,20 cm,30 cm,如图 7 所示.若选 B 点的电势为零,则 A 点的电势为_____,C 点的电势为_____.(真空介电常量 $\varepsilon_0=8.85\times10^{-12}$ C$^2\cdot$N$^{-1}\cdot$m^{-2})

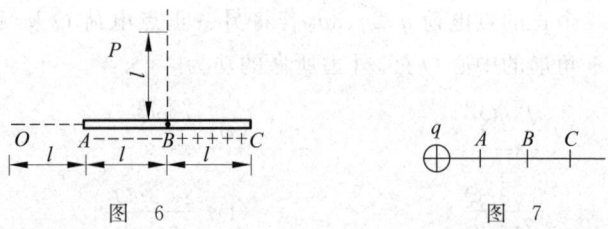

图 6   图 7

3. 真空中,有一均匀带电细圆环,电荷线密度为 λ,其圆心处的电场强度 $E_0=$_____,电势 $U_0=$_____.(选无穷远处电势为零)

4. 如图 8 所示.试验电荷 q,在点电荷 $+Q$ 产生的电场中,沿半径为 R 的整个圆弧的 3/4 圆弧轨道由 a 点移到 d 点的过程中电场力做功为_____;从 d 点移到无穷远处的过程中,电场力做功为_____.

5. 如图 9 所示,在点电荷 $+q$ 和 $-q$ 产生的电场中,将一点电荷 $+q_0$ 沿箭头所示路径由 a 点移至 b 点,则外力做功 A 为_____.

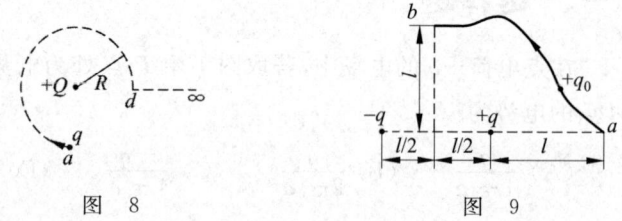

图 8   图 9

6. 一质量为 m,电荷为 q 的粒子,从电势为 U_A 的 A 点,在电场力作用下运动到电势为 U_B 的 B 点.若粒子到达 B 点时的速率为 v_B,则它在 A 点时的速率 $v_A=$_____.

三、计算题

1. 图 10 中所示为一沿 x 轴放置的长度为 l 的带电细棒.

(1) 当带电细棒均匀带电,总电荷为 q 时,求坐标原点 O 处的电势(取无穷远处为电势零点).

图 10

静电场(二)

(2) 当带电细棒不均匀带电,其电荷线密度为 $\lambda=\lambda_0(x-a)$,λ_0 为一常量.求坐标原点 O 处的电势(取无穷远处为电势零点).

2. 电荷 q 均匀分布在长为 $2l$ 的细杆上,求杆的中垂线上与杆中心距离为 a 的 P 点的电势(设无穷远处为电势零点).

3. 一半径为 R 的带电球体,其电荷体密度分布为

$$\rho=\begin{cases} \dfrac{qr}{\pi R^4}, & r\leqslant R \\ \rho=0, & r>R \end{cases}$$

q 为一正的常量.试求:(1) 球内、外各点的电势;
(2) 讨论 $\rho=$ 恒量时均匀带电球体的空间电势分布.

四、讨论题

分别写出下面典型电场的电势分布,并画出电势 U 与距离 r 之间的 U-r 关系曲线.

带 电 体	电势	U-r 关系曲线	计算过程
点电荷(Q)			
均匀带电球面(R、Q)			
均匀带电球体(R、Q)			
两个同心的均匀带电球面(R_1、Q_1,R_2、Q_2)			
两个同轴的"无限长"均匀带电圆柱面(R_1、λ_1,R_2、λ_2)	两圆柱面间电势差		

静电场中的导体和电介质

一、选择题

1. 三块互相平行的导体板,相互之间的距离 d_1 和 d_2 比板面积线度小得多,外面两板用导线连接.中间板上带电,设左右两面上电荷面密度分别为 σ_1 和 σ_2,如图 1 所示.则比值 σ_1/σ_2 为[　].

   (A) d_1/d_2　　　(B) d_2/d_1　　　(C) 1　　　(D) d_2^2/d_1^2

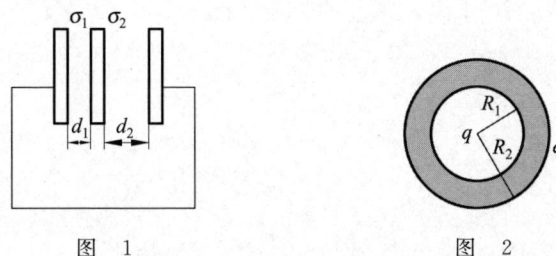

图 1　　　　　　　图 2

2. 一空心导体球壳,其内、外半径分别为 R_1 和 R_2,带电荷 q,如图 2 所示.当球壳中心处再放一电荷为 q 的点电荷时,则导体球壳的电势(设无穷远处为电势零点)为[　].

   (A) $\dfrac{q}{4\pi\varepsilon_0 R_1}$　　　(B) $\dfrac{q}{4\pi\varepsilon_0 R_2}$

   (C) $\dfrac{q}{2\pi\varepsilon_0 R_1}$　　　(D) $\dfrac{q}{2\pi\varepsilon_0 R_2}$

3. 两个同心薄金属球壳,半径分别为 R_1 和 R_2($R_2 > R_1$),若分别带上电荷 q_1 和 q_2,则两者的电势分别为 U_1 和 U_2(选无穷远处为电势零点).现用导线将两球壳相连接,则它们的电势为[　].

   (A) U_1　　　(B) U_2

   (C) $U_1 + U_2$　　　(D) $\dfrac{1}{2}(U_1 + U_2)$

二、填空题

1. 如图 3 所示,两同心导体球壳,内球壳带电荷 $+q$,外球壳带电荷 $-2q$.静电平衡时,外球壳的电荷分布为:内表面_____;外表面_____.

2. 如图 4 所示,把一块原来不带电的金属板 B,移近一块已带有正电荷 Q 的金属板 A,平行放置.设两板面积都是 S,板间距离是 d,忽略边缘效应.当 B 板不接地时,两板间电势差 $U_{AB}=$_____;B 板接地时两板间电势差 $U'_{AB}=$_____.

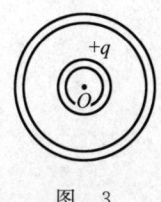　　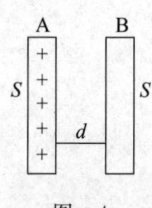

图 3　　　　　　　图 4

3. 一平行板电容器,充电后与电源保持联接,然后使两极板间充满相对介电常量为 ε_r 的各向同性均匀电介质,这时两极板上的电荷是原来的_____倍;电场强度是原来的_____倍;电场能量是原来的_____倍.

4. 一平行板电容器,充电后切断电源,然后使两极板间充满相对介电常量为 ε_r 的各向同性均匀电介质.此时两极板间的电场强度是原来的_____倍;电场能量是原来的_____倍.

三、计算题

1. 半径分别为 r_1 和 r_2 的两个球形导体,各带电荷 q,两球相距很远.若用细导线将两球相连接,忽略两个导体球的静电相互作用和细导线上电荷对导体球上电荷分布的影响.

(1) 求各个球所带电荷 q_1 和 q_2;

(2) 若设两个球所带电荷面密度分别为 σ_1 和 σ_2,试证明 $\dfrac{\sigma_1}{\sigma_2}=\dfrac{r_2}{r_1}$;

(3) 求每球的电势.

2. 如图 5 所示,一内半径为 a、外半径为 b 的金属球壳,带有电荷 Q,在球壳空腔内距离球心 r 处有一点电荷 q.设无限远处为电势零点,试求:

(1) 球壳内外表面上的电荷;

(2) 球心 O 点处,由球壳内表面上电荷产生的电势;

(3) 球心 O 点处的总电势.

图 5

3. 一平行板电容器,其极板面积为 S,两板间距离为 d($d \ll \sqrt{S}$),两极板间为真空,设两极板上带电量分别为 Q 和 $-Q$.

求:(1) 电容器的电容;

(2) 电容器储存的能量.

(若两极板间充满相对介电常量为 ε_r 的各向同性均匀电介质,则结果如何?)

4. 一球形电容器,内球壳半径为 R_1,外球壳半径为 R_2,两球壳间为真空,设两球壳间电势差为 U_{12}.

求:(1) 电容器的电容;

(2) 电容器储存的能量.

(若两极板间充满相对介电常量为 ε_r 的各向同性均匀电介质,则结果如何?)

5. 一圆柱形电容器,内圆柱的半径为 R_1,外圆柱的半径为 R_2,长为 L [$L \gg (R_2 - R_1)$],两圆柱之间为真空,设内外圆柱单位长度上带电荷(即电荷线密度)分别为 λ 和 $-\lambda$.

求:(1) 电容器的电容;

(2) 电容器储存的能量.

(若两极板间充满相对介电常量为 ε_r 的各向同性均匀电介质,则结果如何?)

四、讨论题

1. 如图 6 所示,两块很大的导体平板平行放置,面积都是 S,有一定厚度(不计边缘效应).

(1) 当两块平板带电荷分别为 Q_1 和 Q_2,试求 A、B、C、D 四个表面上的电荷面密度和空间的电场分布.

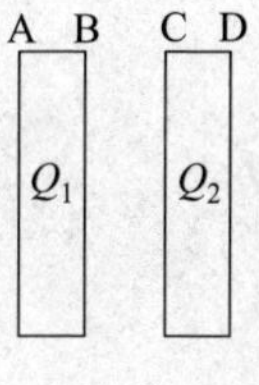

图 6

(2) 当两块平板带电荷都为 Q 时,试求 A、B、C、D 四个表面上的电荷面密度和空间的电场分布.

2. 图 7 所示为一半径为 a 的金属导体球,总电荷为 $+Q$,其外部同心地罩一内、外半径分别为 b、c 的金属球壳.设无穷远处为电势零点.

(1) 讨论空间各处($r<a$、$a<r<b$、$b<r<c$、$r>c$)的场强和电势.

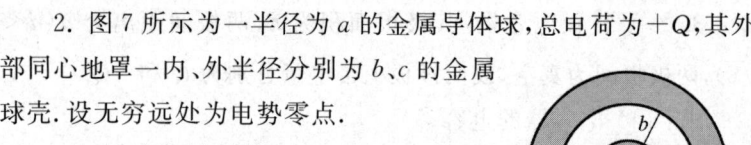

图 7

(3) 当两块平板带电荷分别为 Q 和 $-Q$,试求 A、B、C、D 四个表面上的电荷面密度和空间的电场分布.

(2) 现用导线将球体与球壳相连接,重新讨论空间各处($r<a$、$a<r<b$、$b<r<c$、$r>c$)的场强和电势.

恒定磁场(一)

一、选择题

1. 四条通以电流 I 的无限长直导线,相互平行地分别置于边长为 $2a$ 的正方形各个顶点处,如图1所示,则正方形中心 O 的磁感应强度大小为[　].

(A) $\dfrac{2\mu_0 I}{\pi a}$　　(B) $\dfrac{\sqrt{2}\mu_0 I}{\pi a}$　　(C) $\dfrac{\mu_0 I}{\pi a}$　　(D) 0

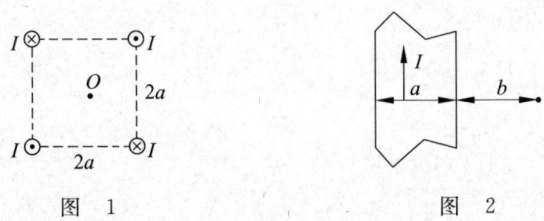

图 1　　　　　图 2

2. 有一无限长通电流的扁平铜片,宽度为 a,厚度不计,电流 I 在铜片上均匀分布,如图2所示,在铜片外与铜片共面、离铜片右边缘为 b 处的 P 点的磁感应强度 B 的大小为[　].

(A) $\dfrac{\mu_0 I}{2\pi(a+b)}$　　(B) $\dfrac{\mu_0 I}{2\pi a}\ln\dfrac{a+b}{b}$

(C) $\dfrac{\mu_0 I}{2\pi b}\ln\dfrac{a+b}{a}$　　(D) $\dfrac{\mu_0 I}{2\pi\left(\frac{1}{2}a+b\right)}$

3. 有一圆形回路1及一正方形回路2,圆直径和正方形的边长相等,二者中通有大小相等的电流,它们在各自中心产生的磁感应强度的大小的 B_1/B_2 为[　].

(A) 0.90　　(B) 1.00　　(C) 1.11　　(D) 1.22

二、填空题

1. 如图3所示 AB、CD 为长直导线,BC 为圆心在 O 点的一段圆弧导线,其半径为 R,若通以电流 I,O 点的磁感应强度大小为_____,方向为_____.

2. 如图4所示,在磁感应强度为 $\mathbf{B}$ 的均匀磁场中作一半径为 r 的半球面 S,S 边线所在平面的法线方向单位矢量 $\mathbf{n}$ 与 $\mathbf{B}$ 的夹角为 α,则通过半球面 S 的磁通量(取曲面向外为正)为_____.

3. 在一根通有电流 I 的长直导线旁,与之共面地放着一个长、宽各为 a 和 b 的矩形线框,线框的长边与载流长直导线平行,且二者相距为 b,如图5所示.在此情形中,线框内的磁通量 $\Phi=$_____.

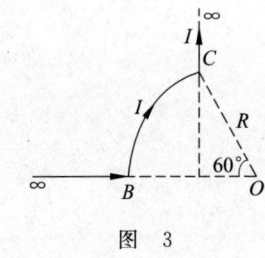　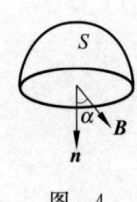　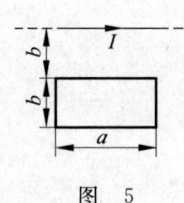

图 3　　　　图 4　　　　图 5

三、计算题

1. 在一半径 R 的无限长半圆柱面形金属薄片中,自下而上有 I 的电流通过,如图6所示.

(1) 试求圆柱轴线上任意一点 P 的磁感应强度 **B** 的大小及方向.

(2) 若金属薄片为无限长 1/4 圆柱形,结果如何?

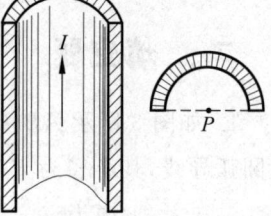

图 6

2. 两平行长直导线相距为 d,每根导线载有电流 I_1 和 I_2,如图7所示,求

(1) 两导线所在平面内与两导线等距的一点 A 处的磁感应强度;

(2) 通过图中斜线所示面积的磁通量.

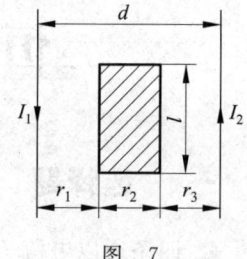

图 7

四、讨论题

1. 如图 8 所示,两根导线沿半径方向引向铁环上的 A、B 两点,并在很远处与电源相连,已知直导线中的电流为 I,圆环的粗细均匀,求:

(1) 求各个电流在圆环中心 O 点处产生的磁感应强度的大小和方向?以及圆环中心 O 点处的总磁感应强度 B 的大小和方向.

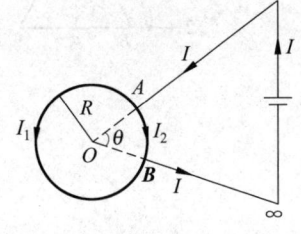

图 8

(2) 改变导线的位置,如图 9 所示的两种情况中,求圆环中心 O 点处的总磁感应强度 B 的大小和方向.

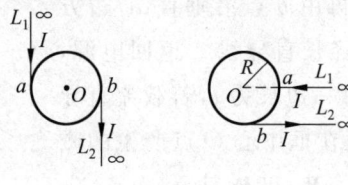

图 9

2. 如图 10 所示，真空中电流 I 由长直导线 1 从无穷远处沿垂直 bc 边方向经 a 点流入一电阻均匀分布的正三角形线框，再由 b 点沿垂直 ac 边方向流向无穷远处，经长直导线 2 返回电源，已知三角形框的每一边长为 l，若载流直导线 1、2 和三角形框在框中心 O 点产生的磁感应强度分别用 B_1、B_2 和 B_3 表示，

(1) 分别求出 B_1、B_2、B_3 以及 O 点的总磁感应强度 B 的大小和方向？

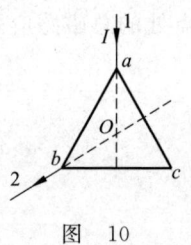

图 10

(2) 改变导线的位置，如图 11 所示的两种情况中，求 O 点处的总磁感应强度 B 的大小和方向．

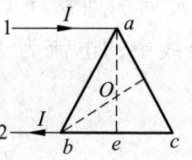 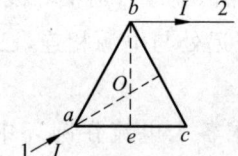

图 11

恒定磁场（二）

一、选择题

1. 如图1，有两个完全相同的回路 L_1 和 L_2，回路内包含有无限长直电流 I_1 和 I_2，但在图1(b)中 L_2 外又有一无限长直电流 I_3。P_1 和 P_2 为回路上位置相同的两个点，请判断正误[　].

(A) $\oint_{L_1} \boldsymbol{B} \cdot \mathrm{d}\boldsymbol{l} = \oint_{L_2} \boldsymbol{B} \cdot \mathrm{d}\boldsymbol{l}$，且 $B_{P_1} = B_{P_2}$

(B) $\oint_{L_1} \boldsymbol{B} \cdot \mathrm{d}\boldsymbol{l} \neq \oint_{L_2} \boldsymbol{B} \cdot \mathrm{d}\boldsymbol{l}$，且 $B_{P_1} = B_{P_2}$

(C) $\oint_{L_1} \boldsymbol{B} \cdot \mathrm{d}\boldsymbol{l} = \oint_{L_2} \boldsymbol{B} \cdot \mathrm{d}\boldsymbol{l}$，且 $B_{P_1} \neq B_{P_2}$

(D) $\oint_{L_1} \boldsymbol{B} \cdot \mathrm{d}\boldsymbol{l} \neq \oint_{L_2} \boldsymbol{B} \cdot \mathrm{d}\boldsymbol{l}$，且 $B_{P_1} \neq B_{P_2}$

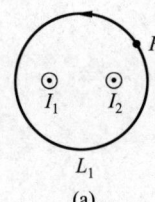
(a)

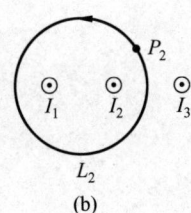
(b)

图 1

二、填空题

1. 在安培环路定理 $\oint_L \boldsymbol{B} \cdot \mathrm{d}\boldsymbol{l} = \mu_0 \sum I_i$ 中，

$\sum I_i$ 是指_____;

$\boldsymbol{B}$ 是指_____,

它是由_____决定的.

2. 如图2所示，在电流 I_1, I_2, I_3 所激发的磁场中，l 为任取的闭合回路，则 $\oint_l \boldsymbol{B} \cdot \mathrm{d}\boldsymbol{l} =$ _____；环路上任一点的磁感应强度是由电流_____激发的.

3. 电流分布如图3所示，今有图示 l_1、l_2、l_3、l_4 四个回路，分别计算磁感应强度沿四个环路的环流.

(1) $\oint_{l_1} \boldsymbol{B} \cdot \mathrm{d}\boldsymbol{l} =$ _____； (2) $\oint_{l_2} \boldsymbol{B} \cdot \mathrm{d}\boldsymbol{l} =$ _____;

(3) $\oint_{l_3} \boldsymbol{B} \cdot \mathrm{d}\boldsymbol{l} =$ _____； (4) $\oint_{l_4} \boldsymbol{B} \cdot \mathrm{d}\boldsymbol{l} =$ _____.

4. 如图4所示的一无限长直圆筒中，沿圆周方向的面电流密度（即通过垂直方向单位长度的电流）为 i，则圆筒内部的磁感应强度 $\boldsymbol{B}$ 的大小为_____，方向为_____.

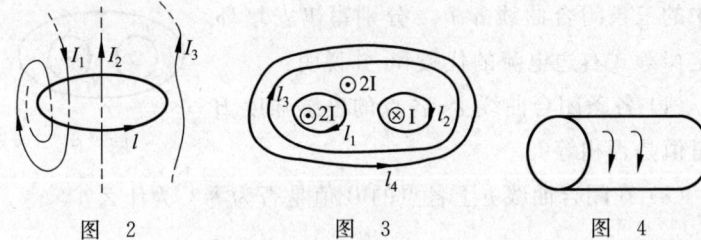

图 2　　图 3　　图 4

三、计算题

1. 一根很长的同轴电缆,由一导体圆柱(半径为 a)和一同轴的导体圆管(内、外半径分别为 b、c)构成,如图 5 所示.使用时,电流 I 从一导体流去,从另一导体流回.设电流都是均匀分布在导体的横截面上,求空间的磁场分布.

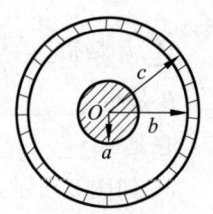

图 5

2. 写出常见的磁场分布.

电　　流	磁感应强度大小	磁感线	B-r 关系曲线	计算过程
无限长载流直导线(I)				
无限长载流圆柱面(R、I)				
无限长载流圆柱体(R、I)				
无限长载流螺线管(I)				
两无限长同轴载流圆柱面 (R_1、I_1,R_2、I_2)				

四、讨论题

1. 设图 6 中两导线中的电流 I_1,I_2 均为 8 A,对在它们的磁场中的三条闭合曲线 a、b、c 分别写出安培环路定律等式右边电流的代数和.并说明:

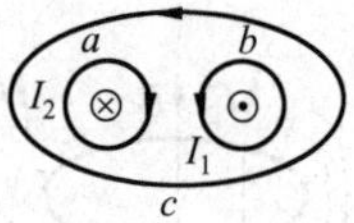

(1) 各条闭合曲线上,各点的磁感强度 B 的量值是否相等?

(2) 在闭合曲线 c 上各点的 B 值是否为零?为什么?

图 6

恒定磁场（三）

一、选择题

1. 两个电子 a 和 b 同时由电子枪射出，垂直进入均匀磁场，速率分别为 v 和 $2v$，经磁场偏转后，它们是 [ ].
   (A) a、b 同时回到出发点
   (B) a、b 都不会回到出发点
   (C) a 先回到出发点
   (D) b 先回到出发点

2. 一带电粒子，垂直射入均匀磁场，如果粒子质量增大到 2 倍，入射到速度增大到 2 倍，磁感应强度增大到 4 倍，则通过粒子运动轨道所包围范围内的磁通量增大到原来的 [ ].
   (A) 2 倍   (B) 4 倍   (C) 1/2 倍   (D) 1/4 倍

3. 如图 1 所示，电流元 $I_1 dl_1$ 和 $I_2 dl_2$ 在同一平面内，相距为 r，$I_1 dl_1$ 与两电流元的连线 r 的夹角为 θ_1，$I_2 dl_2$ 与 r 的夹角为 θ_2，则 $I_2 dl_2$ 受 $I_1 dl_1$ 作用的安培力的大小为 [ ].
   (A) $\mu_0 I_1 I_2 dl_1 dl_2 / (4\pi r^2)$
   (B) $\mu_0 I_1 I_2 dl_1 dl_2 \sin\theta_1 \sin\theta_2 / (4\pi r^2)$
   (C) $\mu_0 I_1 I_2 dl_1 dl_2 \sin\theta_1 / (4\pi r^2)$
   (D) $\mu_0 I_1 I_2 dl_1 dl_2 \sin\theta_2 / (4\pi r^2)$

4. 三条无限长直导线等距离地并排安放，导线Ⅰ、Ⅱ、Ⅲ分别载有同方向的电流 1 A、2 A、3 A，由于磁相互作用的结果，导线Ⅰ、Ⅱ、Ⅲ 单位长度上分别受力 F_1、F_2 和 F_3 如图 2 所示. 则 F_1 和 F_2 的比值是 [ ].
   (A) 7/16   (B) 5/8   (C) 7/8   (D) 5/4

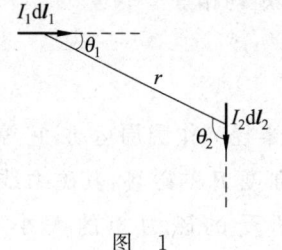

图 1

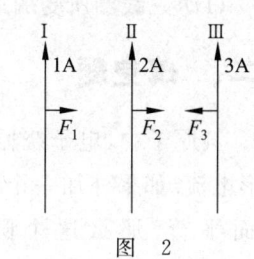

图 2

5. 如图 3 所示，在无限长载流直导线近旁有一载流矩形线圈与之共面，两者分别通有电流 I_1 和 I_2，则矩形线圈在安培力的作用下的运动方向为 [ ].
   (A) 向着长直导线平移
   (B) 离开长直导线平移向下
   (C) 转动
   (D) 不动

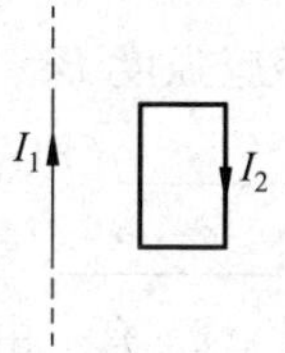

图 3

6. 有一个半径为 R 的单匝圆线圈，通以电流 I，若将该导线弯成匝数 $N=2$ 的平面圆线圈，导线的长度不变，并通以同样的电流，则线圈中心的磁感应强度和线圈的磁矩分别是原来的 [ ].
   (A) 4 倍和 1/8   (B) 4 倍和 1/2
   (C) 2 倍和 1/4   (D) 2 倍和 1/2

7. 在均匀磁场中放置三个面积相等并且通过相同电流的线圈；一个是矩形，一个是正方形，另一个是三角形，下列哪一个叙述是正确的？ [ ]
   (A) 正方形线圈受到的合磁力为零，矩形线圈受到的合磁力最大

57

(B) 三角形线圈受到的最大磁力矩为最小

(C) 三线圈所受的合磁力和最大磁力矩均为零

(D) 三线圈所受的最大磁力矩均相等

二、填空题

1. 氢原子中,电子绕原子核沿半径 r 作圆周运动,它等效一个圆形电流.如果外加一个磁感应强度 B 的磁场,其磁力线与轨道平面平行,那么这个圆电流所受的磁力矩的大小 $M=$ _____.(设电子的质量为 m_e,电子的电量的绝对值为 e).

2. 一电子以速率 $V=2.20\times 10^6$ m·s^{-1} 垂直磁力线射入磁感应强度 $B=2.36$ T 的均匀磁场,则该电子的轨道磁矩的大小为 _____ (电子的质量为 9.11×10^{-31} kg),其方向与磁场方向 _____.

3. 有一由 N 匝细导线绕成的平面正三角形线圈,边长为 a,通有电流 I,置于均匀外磁场 B 中,当线圈平面的法向与外磁场同向时,该线圈所受的磁力矩的大小 $M_m=$ _____.当线圈平面的法向与外磁场垂直时,该线圈所受的磁力矩的大小 $M_m=$ _____.

4. 如图 4 所示,在真空中有一半径为 a 的 3/4 圆弧形的导线,其中通以稳恒电流 I,导线置于均匀外磁场 B 中,且 B 与导线所在平面垂直,则该圆弧载流导线 bc 所受的磁力大小为 _____;并在图 4 中画出磁力的方向.

5. 半径分别为 R_1 和 R_2 的两个半圆弧与直径的两小段构成的通电流为 I 的线圈 $abcda$ (如图 5 所示),放在磁感强度为 B 的均匀磁场中,B 平行线圈所在平面.则线圈的磁矩的大小为 _____,线圈受到的磁力矩的大小为 _____;方向为 _____.

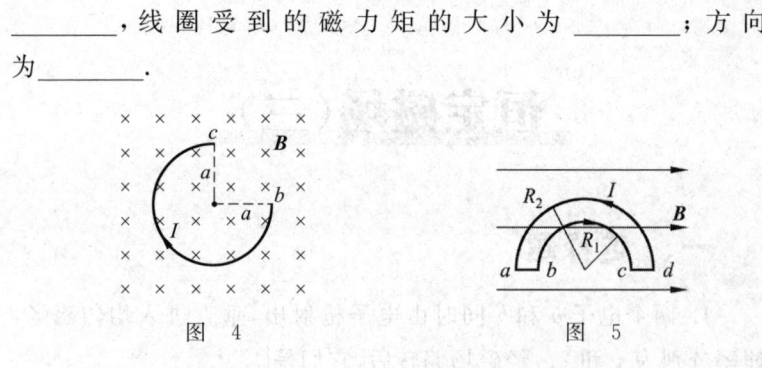

图 4   图 5

三、计算题

1. 通有电流 I 的长直导线在一平面内被弯成如图 6 形状,放于垂直进入纸面的均匀磁场 B 中,求整个导线所受的安培力(R 为已知).

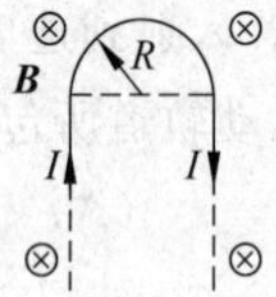

图 6

2. 如图 7 所示,半径为 a,带正电荷且线密度是 λ(常量)的半圆以角速度 ω 绕轴 $O'O''$ 匀速旋转. 求

(1) O 点的 $\boldsymbol{B}$;

(2) 旋转的带电半圆的磁矩 $\boldsymbol{p}_m$.

图 7

3. 如图 8 所示,载有电流 I_1 和 I_2 的长直导线 ab 和 cd 相互平行,相距为 $3r$,今有载有电流 I_3 的导线 $MN=r$,水平放置,且其两端 MN 分别与 I_1、I_2 的距离都是 r,ab、cd 和 MN 共面,求:

(1) 导线 MN 所受的磁力大小和方向;

(2) 若其中的电流流向改变,对(1)中结果有何影响?

(3) 若电流 I_1 和 I_2 中去掉一根电流,(1)中结果如何?

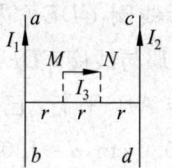

图 8

4. 如图 9 所示,在长直导线 AB 内通以电流 $I_1 = 10$ A,在矩形线圈 CDEF 中通有电流 $I_2 = 5$ A, AB 与线圈 CDEF 共面,且 CD、EF 都与 AB 平行. 已知 $a = 9.0$ cm,$b = 20.0$ cm,$d = 1.0$ cm,求:

(1) 导线 AB 的磁场对矩形线圈每边所作用的力;

(2) 矩形线圈所受合力和合力矩.

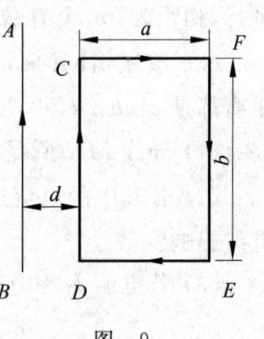

图 9

电磁感应(一)

一、选择题

1. 一磁铁朝线圈运动,如图 1 所示,则线圈内的感应电流的方向(以螺线管内流向为准)以及电表两端电位 U_A 和 U_B 的高低为[ ].

(A) I 由 A 到 B,$U_A > U_B$　　(B) I 由 B 到 A,$U_A < U_B$

(C) I 由 B 到 A,$U_A > U_B$　　(D) I 由 A 到 B,$U_A < U_B$

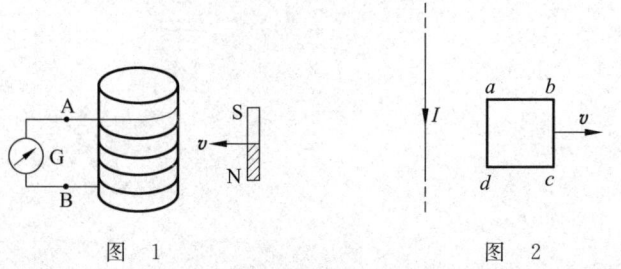

图 1　　　　　　图 2

2. 如图 2 所示,当无限长直电流旁的边长为 l 的正方形回路 $abcda$(回路与 I 共面且 bc、da 与 I 平行)以速率 v 向右运动时,则某时刻(此时 ad 距 I 为 r)回路的感应电动势的大小及感应电流的流向是[ ].

(A) $\varepsilon = \dfrac{\mu_0 I v l}{2\pi r}$,电流流向 $d \to c \to b \to a$

(B) $\varepsilon = \dfrac{\mu_0 I v l}{2\pi r}$,电流流向 $a \to b \to c \to d$

(C) $\varepsilon = \dfrac{\mu_0 I v l^2}{2\pi r(r+l)}$,电流流向 $d \to c \to b \to a$

(D) $\varepsilon = \dfrac{\mu_0 I v l^2}{2\pi r(r+l)}$,电流流向 $a \to b \to c \to d$

3. 若尺寸相同的铁环与铜环所包围的面积中穿过相同变化率的磁通量,则在两环中[ ].

(A) 感应电动势不同,感应电流相同

(B) 感应电动势相同,感应电流也相同

(C) 感应电动势不同,感应电流也不同

(D) 感应电动势相同,感应电流不同

二、填空题

1. 长为 l 的金属直导线在垂直于均匀磁场的平面内以角速度 ω 转动.如果转轴在导线上的位置是在_____,整个导线上的电动势为最大,其值为_____;如果转轴位置是在_____,整个导线上的电动势为最小,其值为_____.

2. 如图 3 所示,长为 l 的导体棒 AB 在均匀磁场 B 中绕通过 C 点的轴 OO' 转动,磁场方向沿纸面向上 AC 长为 $l/3$,则 $U_B - U_A =$ _____,$U_A - U_C =$ _____,$U_B - U_C =$ _____.(当导体棒运动到如图所示的位置时,B 点的运动方向向里.)

3. 如图 4 所示,直角三角形金属框 PQS 置于匀强磁场 B 中,B 平行于 PQ,SP 长为 a,当金属框绕 PQ 以角速度 ω 转动时,PS 边感应电动势的大小 $\varepsilon_1' =$ _____方向_____,整个回路的

感应电动势大小 ε_i = _____（当金属框运动到如图所示的位置时，S点的运动方向向里）．

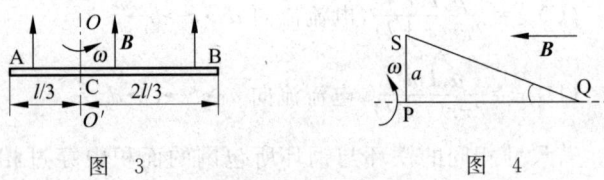

图 3   图 4

4. 一半径为 $r=10$ cm 的圆形回路放在 $B=0.8$ T 的均匀磁场中，回路平面与 B 垂直，当回路半径以恒定速率 $\dfrac{dr}{dt}=80$ cm·s^{-1} 收缩时，回路初始收缩瞬间产生的电动势大小为 _____．

三、计算题

1. 一矩形线框长为 a，宽为 b，置于均匀磁场中，线框绕 OO' 轴，以匀角速度 ω 旋转（如图 5 所示）．设 $t=0$ 时，线框平面处于纸面内，求任一时刻感应电动势的大小．

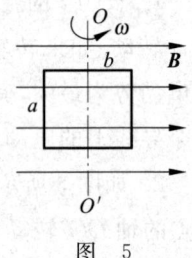

图 5

2. 如图 6 所示，等边三角形平面回路 $ACDA$ 位于磁感强度为 B 的均匀磁场中，磁场方向垂直于回路平面．回路上的 CD 段为滑动导线，它以匀速 v 远离 A 端运动，并始终保持回路是等边三角形．设滑动导线 CD 到 A 端的垂直距离为 x，且时间 $t=0$ 时，$x=0$．试求在下述两种不同的磁场情况下，回路中的感应电动势 ε 和时间 t 的关系．

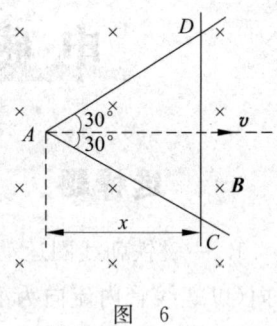

图 6

(1) $B = B_0 =$ 常矢量；

(2) $B = Kt$，$K =$ 常矢量．

62

四、讨论题

1. 一根无限长直导线载有电流 I,一个矩形线圈位于导线平面内与导线相距 d,如图7所示.

(1) 求通过线圈中的磁通量;讨论通过线圈中的磁通量与电流的流向、相对位置的关系;

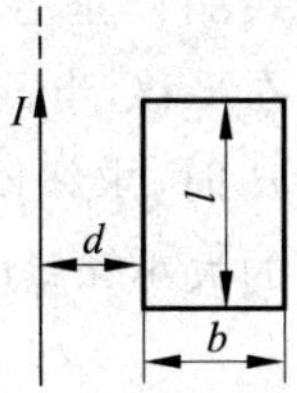

图 7

(2) 设电流为 $I=I(t)$ 时,求线圈中产生的感应电动势 ε;

(3) 求线圈中产生的感应电流,并讨论线圈中产生的感应电流方向与电流的流向、大小变化的关系;

(4) 求导线与线圈的互感系数;

(5) 如图 8 所示,若有两平行载流的无限长直导线且电流都以 $\dfrac{dI}{dt}$ 的变化率增大时,重新讨论(1)、(2)、(3).

(若改变两根导线的相对位置和电流的流向,结果如何?)

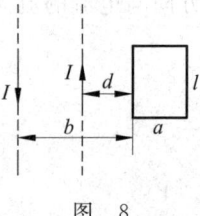

图 8

(7) 若与带电为 I 的无限长直导线共面的是直角三角形线圈 ABC. 如图 10 所示,已知 AC 边长为 b,且与长直导线平行,BC 边长为 a. 若线圈以垂直于导线方向的速度 v 向右平移,当 B 点与长直导线的距离为 d 时,求线圈 ABC 内的感应电动势的大小和感应电动势的方向.

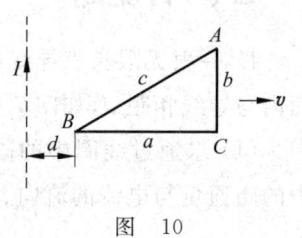

图 10

(6) 若电流不变,矩形线圈以匀速度 v 沿垂直于导线的方向离开导线. 设 $t = 0$ 时,线圈位于图 9 所示位置,求在任意 t 时刻通过矩形线圈的磁通量及矩形线圈中的电动势的大小和方向?

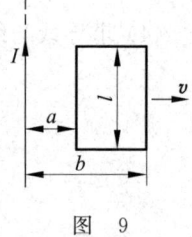

图 9

2. 如图 11 所示,一长直导线中通有电流 I,有一个与长直导线共面,垂直于导线的细金属棒 AB,以速度 v 平行于长直导线作匀速运动. 求:

(1) 金属棒中的感应电动势的大小和方向,并比较两端的电势 U_A 和 U_B 哪一端较高?

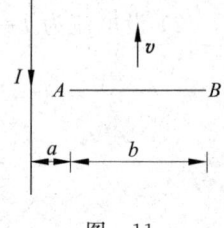

图 11

(2) 改变电流 I 的方向，讨论金属棒中的感应电动势的大小和方向；

(3) 若将金属棒与导线平行放置或与导线夹角为 θ，金属棒中的感应电动势如何？

(4) 若有两相互平行无限长的直导线载有大小相等、方向相反的电流，与长度为 b 的细金属棒 AB 共面且垂直，相对位置如图 12 所示. AB 棒以速度 v 平行直线电流运动，求 AB 杆中的感应电动势的大小和方向，并判断 A、B 两端哪端电势较高？若将其中一根电流反向，结果如何？

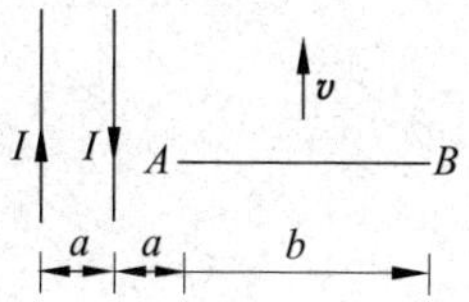

图 12

(5) 如图 13 所示，若放一导体半圆环 MeN 与长直导线共面，且端点 MN 的连线与长直导线垂直，半圆环的半径为 b，环心 O 与导线相距 a，设圆环以速度 v 平行导线平移. 求半圆环内感应电动势的大小和方向及 MN 两端的电压.

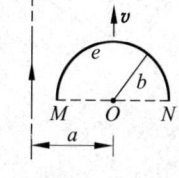

图 13

(6) 用本题方法和结论,重新求解第 1 题中的第(6)小题.

电磁感应(二)

一、选择题

1. 如图 1 所示,均匀磁场被局限在无限长圆柱形空间内,且成轴对称分布,图为此磁场的截面,磁场按 dB/dt 随时间变化,圆柱体外一点 P 的感应电场 E_i 应[ ].

    (A) 等于零

    (B) 不为零,方向向上或向下

    (C) 不为零,方向向左或向右

    (D) 不为零,方向向内或向外

    (E) 无法判定

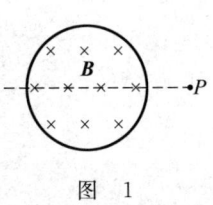

图 1

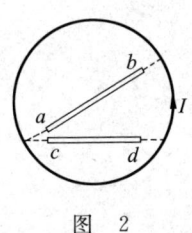

图 2

2. 一无限长直螺线管内放置两段与其轴垂直的直线导体,如图 2 所示为此两段导体所处的螺线管截面,其中 ab 段在直径上,cd 段在一条弦上,当螺线管通电的瞬间(电流方向如图)则 ab、cd 两段导体中感生电动势的有无及导体两端电位高低情况为[ ].

    (A) ab 中有感生电动势,cd 中无感生电动势,a 端电位高

    (B) ab 中有感生电动势,cd 中无感生电动势,b 端电位高

    (C) ab 中无感生电动势,cd 中有感生电动势,d 端电位高

    (D) ab 中无感生电动势,cd 中有感生电动势,c 端电位高

3. 圆电流外有一闭合回路,它们在同一平面内,ab 是回路上的两点,如图 3 所示,当圆电流 I 变化时,闭合回路上的感应电动势及 a、b 两点的电位差分别为[ ].

    (A) 闭合回路上有感应电动势,但不能引入电势差的概念

    (B) 闭合回路上有感应电动势,$U_a - U_b > 0$

    (C) 闭合回路上有感应电动势,$U_a - U_b < 0$

    (D) 闭合回路上无感应电动势,无电位差

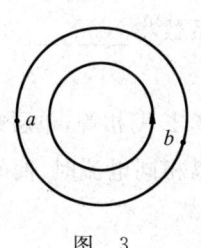

图 3

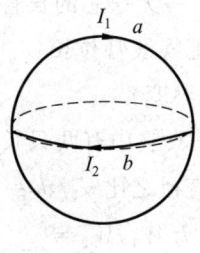

图 4

4. 如图 4 所示,两个环形线圈 a、b 相互垂直放置,当它们的电流 I_1 和 I_2 同时发生变化时,则有下列情况发生[ ].

    (A) a 中产生自感电流,b 中产生互感电流

    (B) b 中产生自感电流,a 中产生互感电流

    (C) a、b 同时产生自感和互感电流

    (D) a、b 中只产生自感电流,不产生互感电流

二、填空题

1. 面积为 S 和 $2S$ 的两线圈 A、B，如图 5 所示放置，通有相同的电流 I，线圈 A 的电流所产生的磁场通过线圈 B 的磁通量用 Φ_{BA} 表示，线圈 B 的电流所产生的磁场通过线圈 A 的磁通量用 Φ_{AB} 表示，则二者的关系为_____.

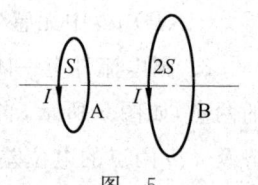

图 5

2. 细长螺线管的截面积为 $2\ \text{cm}^2$，线圈总匝数 $N=200$，当通有 4 A 电流时，测得螺线管内的磁感应强度 $B=2$ T，忽略漏磁和两端的不均匀性，则该螺线管的自感系数为_____.

3. 一无铁芯的长直螺线管，在保持其半径和总匝数不变的情况下，把螺线管拉长一些，则它的自感系数将_____.（填增大、减小或不变）

4. 真空中有两只长直螺线管 1 和 2，长度相等，单层密绕匝数相同，直径之比 $d_1/d_2=1/4$. 当它们通以相同电流时，两螺线管储能之比为 $W_1/W_2=$_____.

5. 真空中一根无限长直细导线上通电流 I，则距导线垂直距离为 a 的空间某点处的磁能密度为_____.

三、计算题

1. 截流长直导线与矩形回路 ABCD 共面，且导线平行于 AB，如图 6 所示，求下列情况下 t 时刻 ABCD 中的感应电动势：

（1）长直导线中电流恒定，ABCD 以垂直于导线的速度 v 从图示初始位置远离导线匀速平移到某一位置时；

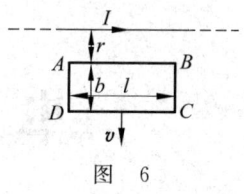

图 6

（2）长直导线中电流 $I=I_0\sin\omega t$，ABCD 不动；

（3）长直导线中电流 $I=I_0\sin\omega t$，ABCD 以垂直于导线的速度 v 远离导线匀速运动，初始位置也如图.

2. 在半径为 R 的圆柱形空间中存在着均匀磁场 $\boldsymbol{B}$，$\boldsymbol{B}$ 的方向与轴线平行，有一长为 l_0 的金属棒 AB，置于该磁场中，如图 7 所示，当 dB/dt 以恒定值增长时，则：

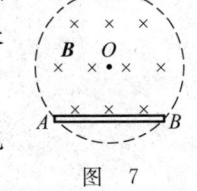

图 7

(1) 用 $\varepsilon_i = \int_l \boldsymbol{E}_i \cdot d\boldsymbol{l}$ 求金属棒上的感应电动势，并指出 A、B 点电位的高低；

(2) 用法拉第感应定律如何求金属棒上的感应电动势；

(3) 如果金属棒 AB 过圆心 O 点，则金属棒上的感应电动势为多少？

3. 一个直径为 0.01 m，长为 0.10 m 的长直密绕螺线管，共 1000 匝线圈，总电阻为 $7.76\text{ }\Omega$. 求：如把线圈接到电动势 $\varepsilon = 2.0\text{ V}$ 的电池上，电流稳定后，线圈中所储存的磁能有多少？磁能密度是多少？

机械振动（一）

一、选择题

1. 物体作简谐振动，振动方程为 $x=A\cos\left(\omega t+\dfrac{1}{4}\pi\right)$。在 $t=T/4$（T 为周期）时刻，物体的加速度为 [ ]．

   (A) $-\dfrac{1}{2}\sqrt{2}A\omega^2$ (B) $\dfrac{1}{2}\sqrt{2}A\omega^2$

   (C) $-\dfrac{1}{2}\sqrt{3}A\omega^2$ (D) $\dfrac{1}{2}\sqrt{3}A\omega^2$

2. 同一弹簧振子按图 1 中的三种方法放置，它们的振动周期分别为 T_a、T_b、T_c（摩擦力忽略），则三者之间的关系为 [ ]．

   (A) $T_a=T_b=T_c$ (B) $T_a=T_b>T_c$
   (C) $T_a>T_b>T_c$ (D) $T_a<T_b<T_c$
   (E) $T_b<T_c$ 且 $T_b<T_a$

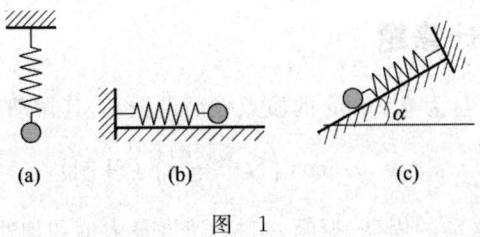

图 1

3. 对一个作简谐振动的物体，下面哪种说法是正确的？ [ ]

   (A) 物体处在运动正方向的端点时，速度和加速度都达到最大值
   (B) 物体位于平衡位置且向负方向运动时，速度和加速度都为零
   (C) 物体位于平衡位置且向正方向运动时，速度最大，加速度为零
   (D) 物体处在负方向的端点时，速度最大，加速度为零

4. 一沿 x 轴作简谐振动的弹簧振子，振幅为 A，周期为 T，振动方程用余弦函数表示，如果该振子的初相为 $\dfrac{4}{3}\pi$，则 $t=0$ 时，质点的位置在 [ ]．

   (A) 过 $x=\dfrac{1}{2}A$ 处，向负方向运动
   (B) 过 $x=\dfrac{1}{2}A$ 处，向正方向运动
   (C) 过 $x=-\dfrac{1}{2}A$ 处，向负方向运动
   (D) 过 $x=-\dfrac{1}{2}A$ 处，向正方向运动

5. 已知某简谐振动的振动曲线如图 2 所示，位移的单位为 cm，时间单位为 s．则此简谐振动的振动方程为 [ ]．

   (A) $x=2\cos\left(\dfrac{2}{3}\pi t+\dfrac{2}{3}\pi\right)$
   (B) $x=2\cos\left(\dfrac{2}{3}\pi t-\dfrac{2}{3}\pi\right)$

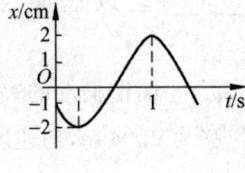

图 2

(C) $x = 2\cos\left(\dfrac{4}{3}\pi t + \dfrac{2}{3}\pi\right)$

(D) $x = 2\cos\left(\dfrac{4}{3}\pi t - \dfrac{2}{3}\pi\right)$

6. 一物体作简谐振动,振动方程为 $x = A\cos\left(\omega t + \dfrac{1}{2}\pi\right)$.则该物体在 $t=0$ 时刻的动能与 $t=T/8$(T 为振动周期)时刻的动能之比为[ ].

(A) 1:4　　(B) 1:2　　(C) 1:1

(D) 2:1　　(E) 4:1

7. 一质点作简谐振动,已知振动周期为 T,则其振动动能变化的周期是[ ].

(A) $T/4$　　(B) $T/2$　　(C) $4T$　　(D) $2T$

二、填空题

1. 质点作简谐振动,速度最大值 $v_m = 5$ cm/s,振幅 $A = 2$ cm.若令速度具有正最大值的那一时刻为 $t = 0$,则振动表达式为_____.

2. 简谐振动的小球,振动速度的最大值为 $v_m = 3$ cm/s,振幅为 $A = 2$ cm,则小球振动的周期为_____,加速度的最大值为_____;若以速度为正最大时作计时零点,振动表达式为_____.

3. 一简谐振动的表达式为 $x = A\cos(3t + \varphi)$,已知 $t = 0$ 时的初位移为 0.04 m,初速度为 0.09 m/s,则振幅 $A = $_____,初相 $\varphi = $_____.

4. 两个质点沿水平 x 轴线作相同频率和相同振幅的简谐振动,平衡位置都在坐标原点.它们同时经过某一个点时,运动方向总是相反,该点的位移 x 的绝对值为振幅的一半,则它们之间的相位差为_____.

5. 一简谐振动的旋转矢量图如图3所示,振幅矢量长 2 cm,则该简谐振动的初相为_____.振动方程为_____.

6. 如图4所示的旋转矢量图,描述一质点作简谐振动,通过计算得出在 $t = 0$ 时刻,它在 x 轴上的 P 点,位移为 $x = +\sqrt{2}A/2$,速度 $v < 0$.只考虑位移时,它对应着旋转矢量图中圆周上的_____和_____点,再考虑速度的方向,它应只对应旋转矢量图中圆周上的_____点,由此得出质点振动的初相位值为_____.

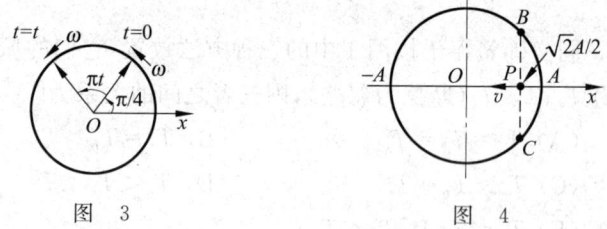

图 3　　　　图 4

三、计算题

1. 一质量为 0.20 kg 的质点作简谐振动,其振动方程为

$$x = 0.6\cos\left(5t - \dfrac{1}{2}\pi\right) \text{ (SI 制)}$$

求:(1) 此振动的周期、振幅、初相、速度最大值和加速度最大值;

(2) 质点的速度和初速度;

(3) 质点的加速度和在正向最大位移一半处所受的力.

2. 一轻弹簧在 60 N 的拉力下伸长 30 cm. 现把质量为 4 kg 的物体悬挂在该弹簧的下端并使之静止,再把物体向下拉 10 cm, 然后由静止释放并开始计时. 求:
(1) 物体的振动方程;
(2) 物体在平衡位置上方 5 cm 时弹簧对物体的拉力;
(3) 物体从第一次越过平衡位置时刻起到它运动到上方 5 cm 处所需要的最短时间.

3. 一物体作简谐振动,其速度最大值 $v_m = 3 \times 10^{-2}$ m/s,其振幅 $A = 2 \times 10^{-2}$ m. 若 $t=0$ 时,物体位于平衡位置且向 x 轴的负方向运动. 求:
(1) 振动周期 T;
(2) 加速度的最大值 a_m;
(3) 振动方程的数值式.

4. 质量 $m=10$ g 的小球与轻弹簧组成的振动系统，按 $x=0.5\cos\left(8\pi t+\dfrac{1}{3}\pi\right)$ 的规律作自由振动，式中 t 以 s 为单位，x 以 cm 为单位，求：

(1) 振动的角频率、周期、振幅和初相；
(2) 振动的速度、加速度的数值表达式；
(3) 振动的能量 E；
(4) 平均动能和平均势能；
(5) 当 x 值为多大时，系统的势能为总能量的一半；
(6) 质点从平衡位置移动到上述位置所需最短时间为多少？

5. 物体质量为 0.25 kg，在弹性力作用下作简谐振动，弹簧的劲度系数 $k=25$ N·m^{-1}，如果起始振动时具有势能 0.06 J 和动能 0.02 J，求

(1) 振幅；
(2) 动能恰等于势能时的位移；
(3) 经过平衡位置时物体的速度.

四、讨论题

1. 劲度系数分别为 k_1 和 k_2 的两个轻弹簧如图 5 与质量为 m 的物体连在一起，构成一个弹簧振子，则各个系统的振动周期和

振动频率为多少？当 $k_1 = k_2$ 时,结果如何？

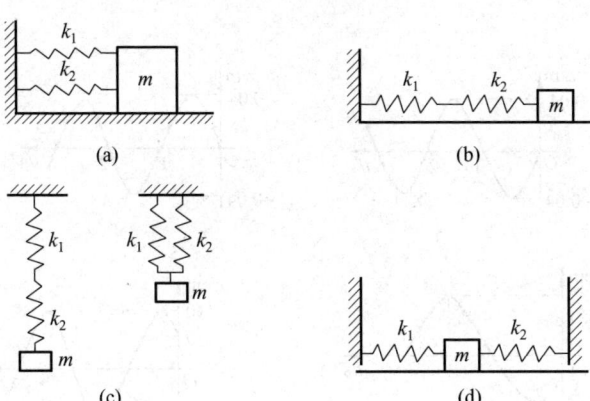

图 5

(4) 振子在平衡位置向负方向运动；

(5) 振子在位移为 $\dfrac{A}{2}$ 处,且向负方向运动；

(6) 振子在位移为 $\dfrac{A}{2}$ 处,且向正方向运动；

继续讨论振子在位移为 $-\dfrac{A}{2}$、$\dfrac{\sqrt{2}}{2}A$、$-\dfrac{\sqrt{2}}{2}A$、$\dfrac{\sqrt{3}}{2}A$、$-\dfrac{\sqrt{3}}{2}A$ 处,分别向正方向、负方向运动时的旋转矢量、初相和振动方程.

2. 一弹簧振子作简谐振动,振幅为 A,周期为 T,其运动方程用余弦函数表示.若 $t=0$ 时,振子在以下位置时,画出相应的旋转矢量,写出振子的初相和振动方程.

(1) 振子在负的最大位移处；

(2) 振子在正的最大位移处；

(3) 振子在平衡位置向正方向运动；

3. 一质点作简谐振动,周期为 T.当它由平衡位置向 x 轴正方向运动时,用旋转矢量法求解：

(1) 由平衡位置到正的最大位移这段路程所需要的最短时间为多少？

(2) 由平衡位置到二分之一最大位移这段路程所需要的最短时间为多少？

(3) 从二分之一最大位移处到最大位移处这段路程所需要的最短时间为多少？

比较(2)、(3)的大小，试说明为什么？

4. 已知简谐振动的振动曲线如图 6 所示，确定简谐振动的振动方程．

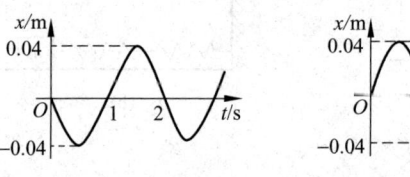
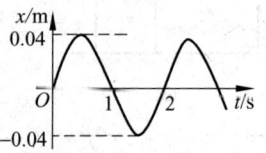
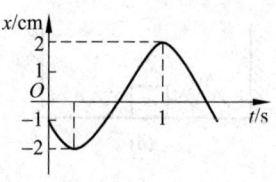
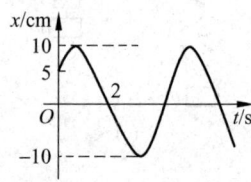

图 6

（你能画出第 2 题中相应的振动曲线吗？）

机械振动(二)

一、选择题

1. 图1中所画的是两个简谐振动的振动曲线.若这两个简谐振动可叠加,则合成的余弦振动的初相为[ ].

(A) $\dfrac{3}{2}\pi$ (B) π

(C) $\dfrac{1}{2}\pi$ (D) 0

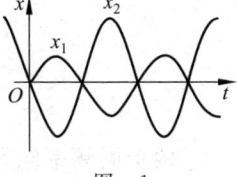

图 1

2. 有两个振动,其振动方程为:$x_1 = A_1\cos\omega t$,$x_2 = A_2\sin\omega t$,且 $A_2 < A_1$.则合成振动的振幅为[ ].

(A) $A_1 + A_2$ (B) $A_1 - A_2$

(C) $(A_1^2 + A_2^2)^{1/2}$ (D) $(A_1^2 - A_2^2)^{1/2}$

二、填空题

1. 两个同方向同频率的简谐振动

$$x_1 = 3\times 10^{-2}\cos\left(\omega t + \dfrac{1}{3}\pi\right),$$

$$x_2 = 4\times 10^{-2}\cos\left(\omega t - \dfrac{1}{6}\pi\right) \text{(SI 制)}$$

它们的合振幅是_____.

2. 一个质点同时参与两个在同一直线上的简谐振动,其表达式分别为

$$x_1 = 4\times 10^{-2}\cos\left(2t + \dfrac{1}{6}\pi\right),$$

$$x_2 = 3\times 10^{-2}\cos\left(2t - \dfrac{5}{6}\pi\right) \text{(SI 制)}$$

则其合成振动的振幅为_____,初相为_____.

3. 图2中所示为两个简谐振动的振动曲线.若以余弦函数表示这两个振动的合成结果,则合振动的方程为 $x = x_1 + x_2 =$ _____(SI 制).

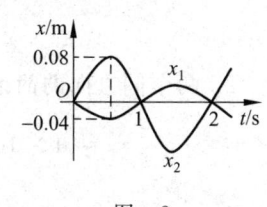

图 2

4. 两个同方向的简谐振动,周期相同,振幅分别为 $A_1 = 0.05$ m 和 $A_2 = 0.07$ m,它们合成为一个振幅为 $A = 0.09$ m 的简谐振动.则这两个分振动的相位差为_____.

5. 两个同方向同频率的简谐振动,其合振动的振幅为 20 cm,与第一个简谐振动的相位差为 $\varphi - \varphi_1 = \pi/6$.若第一个简谐振动的振幅为 $10\sqrt{3}$ cm = 17.3 cm,则第二个简谐振动的振幅为_____ cm,第一、二两个简谐振动的相位差 $\varphi_1 - \varphi_2$ 为_____.

三、计算题

1. 一质点同时参与两个同方向的简谐振动,其振动方程分别为

$$x_1 = 5\times 10^{-2}\cos(4t + \pi/3) \text{(SI 制)},$$

$$x_2 = 3\times 10^{-2}\sin(4t - \pi/6) \text{(SI 制)}$$

画出两振动的旋转矢量图,并求合振动的振动方程.

2. 两个同方向的简谐振动的振动方程分别为

$$x_1 = 4 \times 10^{-2} \cos 2\pi \left(t + \frac{1}{8}\right) \text{(SI 制)},$$

$$x_2 = 3 \times 10^{-2} \cos 2\pi \left(t + \frac{1}{4}\right) \text{(SI 制)}$$

求合振动方程.

3. 有两个同方向的谐振动,它们的方程为

$$x_1 = 0.05 \cos \left(10t + \frac{3}{4}\pi\right)$$

$$x_2 = 0.06 \cos \left(10t + \frac{1}{4}\pi\right)$$

式中 x 以 m 计,t 以 s 计,求:

(1) 它们合成振动的振幅和初位相;

(2) 若另有一振动 $x_3 = 0.07 \cos(10t + \varphi)$,则 φ 为何值时,$x_1 + x_3$ 的振幅为最大?φ 为何值时,$x_2 + x_3$ 的振幅为最小?

4. 两个同频率同方向的谐振动的合振幅为 20 cm,合振动与第一谐振动的位相差为 $\varphi - \varphi_1 = \dfrac{\pi}{6}$,若第一个谐振动的振幅为 $10\sqrt{3}$ cm,求:

(1) 第二个振动的振幅 A_2;

(2) 第一、第二两个谐振动的位相差.

机械波（一）

一、选择题

1. 一平面简谐波，沿 x 轴负方向传播，角频率为 ω，波速为 u. 设 $t=T/4$ 时刻的波形如图 1 所示，则该波的表达式为 [ ].

   (A) $y=A\cos\omega(t-xu)$

   (B) $y=A\cos\left[\omega(t+x/u)+\dfrac{1}{2}\pi\right]$

   (C) $y=A\cos\left[\omega(t+x/u)\right]$

   (D) $y=A\cos\left[\omega(t+x/u)+\pi\right]$

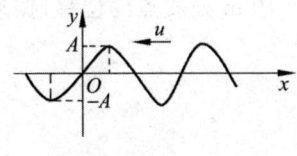

图 1

2. 一简谐横波沿 Ox 轴传播. 若 Ox 轴上 P_1 和 P_2 两点相距 $\lambda/8$（其中 λ 为该波的波长），则在波的传播过程中，这两点振动速度的 [ ].

   (A) 方向总是相同　　(B) 方向总是相反

   (C) 方向有时相同，有时相反　　(D) 大小总是不相等

3. 在简谐波传播过程中，沿传播方向相距为 $\dfrac{1}{2}\lambda$（λ 为波长）的两点的振动速度必定 [ ].

   (A) 大小相同，而方向相反

   (B) 大小和方向均相同

   (C) 大小不同，方向相同

   (D) 大小不同，而方向相反

4. 一平面简谐波沿 x 轴负方向传播. 已知 $x=b$ 处质点的振动方程为 $y=A\cos(\omega t+\varphi_0)$，波速为 u，则波的表达式为 [ ].

   (A) $y=A\cos\left[\omega t+\dfrac{b+x}{u}+\varphi_0\right]$

   (B) $y=A\cos\left\{\omega\left[t-\dfrac{b+x}{u}\right]+\varphi_0\right\}$

   (C) $y=A\cos\left\{\omega\left[t+\dfrac{x-b}{u}\right]+\varphi_0\right\}$

   (D) $y=A\cos\left\{\omega\left[t+\dfrac{b-x}{u}\right]+\varphi_0\right\}$

5. 图 2 所示为一简谐波在 $t=0$ 时刻的波形图，波速 $u=200$ m/s，则图中 O 点的振动加速度的表达式为 [ ].

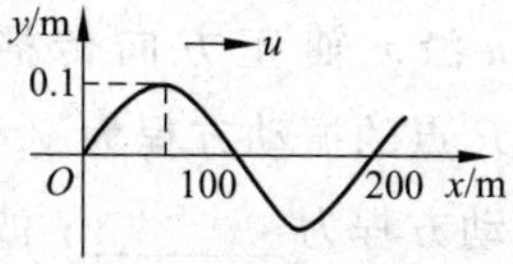

   (A) $a=0.4\pi^2\cos\left(\pi t-\dfrac{1}{2}\pi\right)$（SI 制）

   (B) $a=0.4\pi^2\cos\left(\pi t-\dfrac{3}{2}\pi\right)$（SI 制）

   (C) $a=-0.4\pi^2\cos(2\pi t-\pi)$（SI 制）

   (D) $a=-0.4\pi^2\cos\left(2\pi t+\dfrac{1}{2}\pi\right)$（SI 制）

图 2

6. 如图 3 所示,有一平面简谐波沿 x 轴负方向传播,坐标原点 O 的振动规律为 $y=A\cos(\omega t+\varphi_0)$,则 B 点的振动方程为[　].

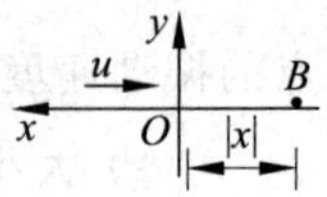

(A) $y=A\cos[\omega t-(x/u)+\varphi_0]$

(B) $y=A\cos\omega[t+(x/u)]$

(C) $y=A\cos\{\omega[t-(x/u)]+\varphi_0\}$

(D) $y=A\cos\{\omega[t+(x/u)]+\varphi_0\}$

图 3

二、填空题

1. 已知一平面简谐波的表达式为 $y=A\cos(at-bx)$(a、b 为正值常量),则波的振幅为_____;波的角频率为_____;波的频率为_____;波的传播速度为_____;波长为_____;波的周期为_____;波的传播方向为_____.

2. 一声波在空气中的波长是 0.25 m,传播速度是 340 m/s,当它进入另一介质时,波长变成了 0.37 m,它在该介质中传播速度为_____ m/s.

3. 如图 4 所示,一平面简谐波以波速 u 沿 x 轴正方向传播,O 为坐标原点. 已知 P 点的振动方程为 $y=A\cos\omega t$,则 O 点的振动方程为_____;波的表达式为_____;C 点的振动方程为_____.

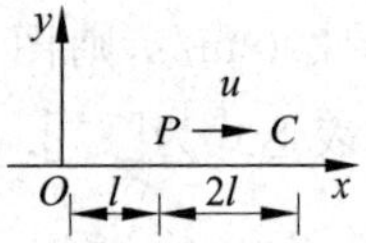

图 4

4. 已知波源的振动周期为 4.00×10^{-2} s,波的传播速度为 300 m/s,波沿 x 轴正方向传播,则位于 $x_1=10.0$ m 和 $x_2=16.0$ m 的两质点振动相位差为_____. 相位差为 $2\pi/3$ 的两点间距离为_____.

三、计算题

1. 已知一平面简谐波以波速 $u=200$ m/s 的速率沿 x 轴正向传播,$t=0$ 时刻的波形图如图 5 所示.

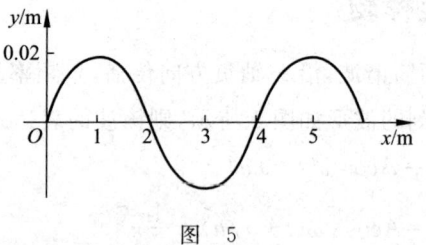

图 5

求:(1) O 点的振动方程;

(2) 该平面简谐波的波动方程;

(3) $t=0.1$ s,$x=10$ m 处质点的位移、振动速度和加速度.

2. 一振幅为 10 cm，波长为 200 cm 的一维余弦波，沿 x 轴正向传播，波速为 100 cm/s，在 $t=0$ 时原点处质点在平衡位置向正位移方向运动. 求：

(1) 原点处质点的振动方程；

(2) 该波的波动表达式；

(3) 在 $x=150$ cm 处质点的振动方程以及该点在 $t=2$ s 时的振动速度.

3. 已知波长为 λ 的平面简谐波沿 x 轴负方向传播. $x=\lambda/4$ 处质点的振动方程为

$$y = A\cos\frac{2\pi}{\lambda} \cdot ut \quad (\text{SI 制})$$

(1) 写出该平面简谐波的表达式；

(2) 画出 $t=T$ 时刻的波形图.

四、讨论题

1. 如图 6 所示为两平面简谐波在某时刻的波形图.已知波的振幅 A、波速 u 与波长 λ.

(1) 讨论确定各自 O 处质点的振动方程以及它们简谐波的表达式；

(2) 当各波传播方向改变时,重新讨论(1).

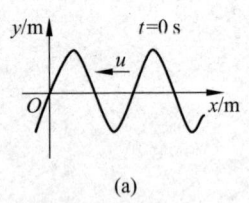
(a)

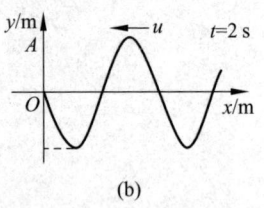
(b)

图 6

2. 有一平面简谐波在空间以速度 c 传播,如图 7 所示,已知 B 点的振动方程为 $y = A\cos(\omega t + \varphi)$, $\overline{OB} = b$. 试就图 7 中四种情况,分别写出它们的波动方程.

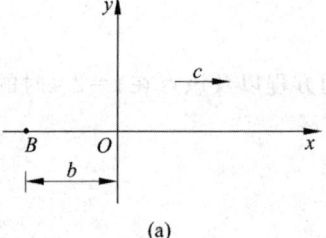
(a)

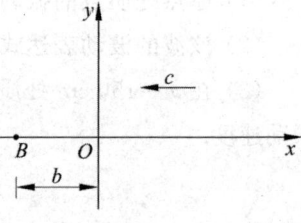
(b)

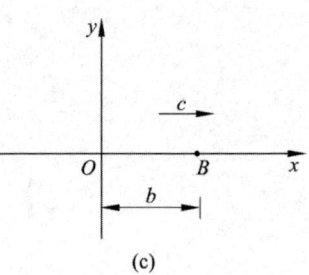
(c)

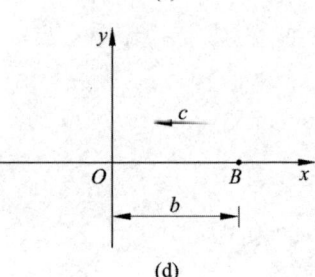
(d)

图 7

机械波(二)

一、选择题

1. 一列机械横波在 t 时刻的波形曲线如图 1 所示,则

(1) 该时刻能量为最大值的媒质质元的位置是[ ];

(2) 该时刻能量为最小值的媒质质元的位置是[ ].

(A) O',b,d,f (B) a,c,e,g

(C) O',d (D) b,f

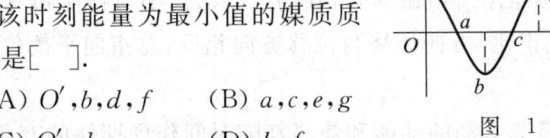

图 1

2. 一平面简谐波在弹性媒质中传播,在某一瞬时,

(1) 媒质中某质元正处于平衡位置,此时它的能量是[ ];

(2) 媒质中某质元正处于最大位移,此时它的能量是[ ].

(A) 动能为零,势能最大   (B) 动能为零,势能为零

(C) 动能最大,势能最大   (D) 动能最大,势能为零

3. 一平面简谐波在弹性媒质中传播,

(1) 在媒质质元从最大位移处回到平衡位置的过程中,其能量变化为[ ];

(2) 在媒质质元从平衡位置运动到最大位移处的过程中,其能量变化为[ ].

(A) 它的势能转换成动能

(B) 它的动能转换成势能

(C) 它从相邻的一段媒质质元获得能量,其能量逐渐增加

(D) 它把自己的能量传给相邻的一段媒质质元,其能量逐渐减小

二、填空题

1. 如图 2 所示,两列波长为 λ 的相干波在 P 点相遇.波在 S_1 点振动的初相是 φ_1,S_1 到 P 点的距离是 r_1;波在 S_2 点的初相是 φ_2,S_2 到 P 点的距离是 r_2,以 k 代表零或正、负整数,则 P 点是干涉极大的条件为_____;干涉极小的条件为_____.

2. 一驻波表达式为 $y=A\cos 2\pi x \cos 100\pi t$(SI制).位于 $x_1=(1/8)$ m 处的质元 P_1 与位于 $x_2=(3/8)$ m 处的质元 P_2 的振动相位差为_____.

3. 如图 3 所示,S_1 和 S_2 为两相干波源,它们的振动方向均垂直于图面,发出波长为 λ 的简谐波,P 点是两列波相遇区域中的一点,已知 $\overline{S_1P}=3\lambda$,$\overline{S_2P}=\dfrac{10}{3}\lambda$,$P$ 点的合振幅总是极大值,则两波源的振动初位相之差 $\varphi_2-\varphi_1$ 等于_____.

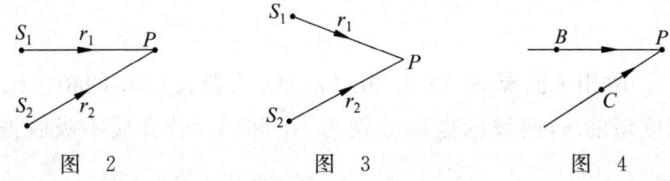

图 2   图 3   图 4

4. 如图 4 所示,两列相干波在 P 点相遇.一列波在 B 点引起的振动是

$$y_{10}=3\times 10^{-3}\cos 2\pi t \text{ (SI制)};$$

另一列波在 C 点引起的振动是

$$y_{20} = 3 \times 10^{-3} \cos\left(2\pi t + \frac{1}{2}\pi\right) \text{(SI 制)};$$

令 $\overline{BP} = 0.45$ m，$\overline{CP} = 0.30$ m，两波的传播速度 $u = 0.20$ m/s，不考虑传播途中振幅的减小，求 P 点的合振动的振动方程．

5. 两相干波源 S_1 和 S_2 相距 $\lambda/4$（λ 为波长），S_1 的相位比 S_2 的相位超前 π，两波的振幅分别为 A_1 和 A_2，若介质不吸收波的能量，

(1) 在 S_1，S_2 的连线上，S_1 外侧各点、S_2 外侧各点和 S_1、S_2 之间各点两波引起的两谐振动的相位差和合振幅各是多少？

(2) 若 S_1 和 S_2 相距 $\lambda/2$，（λ 为波长），其他条件不变，重新求解(1)；

(3) S_1 的相位比 S_2 的相位落后 π，其他条件不变，重新求解(1)．

三、判断题

1. 物体作简谐振动时，其加速度的大小与物体相对平衡位置的位移成正比，方向始终与位移方向相反，总指向平衡位置． （　）

2. 简谐运动的动能和势能都随时间作周期性的变化，且变化频率与位移变化频率相同． （　）

3. 同方向同频率的两简谐振动合成后的合振动的振幅不随时间变化． （　）

4. 从动力学的角度看，波是各质元受到相邻质元的作用而产生的． （　）

5. 一平面简谐波的表达式为 $y = A\cos\omega(t - x/u) = A\cos(\omega t - \omega x/u)$，其中 x/u 表示波从坐标原点传至 x 处所需时间． （　）

6. 当一平面简谐机械波在弹性媒质中传播时，媒质质元的振动动能增大时，其弹性势能减小，总机械能守恒． （　）

机械波（三）

一、选择题

1. 在驻波中，两个相邻波节间各质点的振动[　].
   (A) 振幅相同，位相相同　　(B) 振幅不同，位相相同
   (C) 振幅相同，位相不同　　(D) 振幅不同，位相不同

2. 在同一媒质中两列相干的平面简谐波的强度之比是 $I_1/I_2 = 4$，则两列波的振幅之比是[　].
   (A) $A_1/A_2 = 16$　　(B) $A_1/A_2 = 4$
   (C) $A_1/A_2 = 2$　　(D) $A_1/A_2 = 1/4$

3. 在弦线上有一简谐波，其表达式为 $y_1 = 2.0 \times 10^2 \cos\left[100\pi\left(t + \dfrac{x}{20}\right) - \dfrac{4\pi}{3}\right]$（SI 制）. 为了在此弦线上形成驻波，并在 $x = 0$ 处为一波腹，此弦线上还应有一简谐波，其表达式为[　].

   (A) $y_2 = 2.0 \times 10^2 \cos\left[100\pi\left(t - \dfrac{x}{20}\right) + \dfrac{\pi}{3}\right]$（SI 制）

   (B) $y_2 = 2.0 \times 10^2 \cos\left[100\pi\left(t - \dfrac{x}{20}\right) + \dfrac{4}{3}\pi\right]$（SI 制）

   (C) $y_2 = 2.0 \times 10^2 \cos\left[100\pi\left(t - \dfrac{x}{20}\right) - \dfrac{\pi}{3}\right]$（SI 制）

   (D) $y_2 = 2.0 \times 10^2 \cos\left[100\pi\left(t - \dfrac{x}{20}\right) - \dfrac{4}{3}\pi\right]$（SI 制）

4. 惠更斯原理涉及了下列哪个概念？[　]
   (A) 波长　　　　　　　(B) 振幅
   (C) 次波假设　　　　　(D) 位相

二、填空题

1. 在截面积为 S 的圆管中，有一列平面简谐波在传播，其波的表达式为 $y = A\cos\left[\omega t - 2\pi\left(\dfrac{x}{\lambda}\right)\right]$，管中波的平均能量密度是 w，则通过截面积 S 的平均能流是_____.

2. 一列强度为 I 的平面简谐波通过一面积为 S 的平面，波速 u 与该平面的法线 n_0 的夹角为 θ，则通过该平面的能流是_____.

3. 在波长为 λ 的驻波中，两个相邻波节之间的距离为_____.

4. 一驻波表达式为 $y = 2A\cos\left(\dfrac{2\pi x}{\lambda}\right)\cos\omega t$，则 $x = -\dfrac{\lambda}{2}$ 处质点的振动方程是_____；该质点的振动速度表达式_____.

5. 设入射波的表达式为 $y = A\cos 2\pi\left(vt + \dfrac{x}{\lambda}\right)$. 波在 $x = 0$ 处发生反射，反射点为固定端，则形成的驻波的表达式为_____.

6. 两列波在一根很长的弦线上传播，其表达式为
$$y_1 = 6.0 \times 10^{-2} \cos\pi(x - 40t)/2$$
$$y_2 = 6.0 \times 10^{-2} \cos\pi(x + 40t)/2$$
则合成波的表达式为_____，在 $x = 0$ 至 $x = 10$ m 内波节的位置是_____，波腹的位置是_____.

7. 一列火车以 20 m/s 的速度行驶,若机车汽笛的频率为 600 Hz,一静止观测者在机车前和机车后听到的声音频率分别为 _____ 和 _____ (设空气中声速为 340 m/s).

8. 相对于空气为静止的声源的振动频率为 ν_s,接收器 R 以 v_R 速率远离声源,设声波在空气中的传播速度为 u,那么接收器接收到的声波频率 $\nu_R =$ _____.

三、问答题

1. 在绳上传播的入射波波动方程 $y_1 = A\cos\left(\omega t + \dfrac{2\pi x}{\lambda}\right)$,入射波在 $x=0$ 处绳端反射,反射端为自由端,设反射波不衰减,求:(1)反射波波动方程;(2)形成驻波波动方程.

光的干涉（一）

一、选择题

1. 如图 1 所示，S_1、S_2 是两个相干光源，它们到 P 点的距离分别为 r_1 和 r_2。路径 S_1P 垂直穿过一块厚度为 t_1，折射率为 n_1 的介质板，路径 S_2P 垂直穿过厚度为 t_2，折射率为 n_2 的另一介质板，其余部分可看作真空，这两条路径的光程差等于[ ].

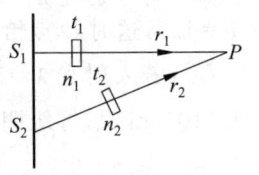

图 1

(A) $(r_2+n_2t_2)-(r_1+n_1t_1)$

(B) $[r_2+(n_2-1)t_2]-[r_1+(n_1-1)t_1]$

(C) $(r_2-n_2t_2)-(r_1-n_1t_1)$

(D) $n_2t_2-n_1t_1$

2. 在相同的时间内，一束波长为 λ 的单色光在空气中和在玻璃中[ ].

(A) 传播的路程相等，走过的光程相等

(B) 传播的路程相等，走过的光程不相等

(C) 传播的路程不相等，走过的光程相等

(D) 传播的路程不相等，走过的光程不相等

二、填空题

1. 相干光必须满足的条件是：(1)_____；(2)_____；(3)_____；

相干光的获得有两种方法：(1)_____；(2)_____.

2. 在杨氏双缝干涉实验装置中，双缝相距为 0.4 mm，双缝与屏幕的垂直距离为 1 m. 采用加有蓝绿色滤光片的白色光源，其波长范围为 $\Delta\lambda=100$ nm，则同侧第 2 级明条纹在屏幕上延展的宽度为_____.

3. 把杨氏双缝干涉实验装置放在折射率为 n 的媒质中，双缝到观察屏的距离为 D，两缝之间的距离为 d（$d \ll D$），入射光在真空中的波长为 λ，则屏上干涉条纹中相邻明纹的间距是_____. 则屏上干涉条纹中相邻暗纹的间距是_____.

（把双缝干涉实验装置放在真空中呢？）

三、计算题

1. 如图 2 所示，在杨氏双缝干涉实验中 $SS_1=SS_2$，用波长为 λ 的光照射双缝 S_1 和 S_2，通过空气后在屏幕 E 上形成干涉条纹.

(1) 已知 P 点处为第三级明条纹，则 S_1 和 S_2 到 P 点的光程差为多少？

(2) 若双缝 S_1 和 S_2 的间距为 a，屏到双缝的距离为 D. 则屏幕上相邻明条纹之间的距离为多少？中央明纹两侧的两条第 10 级明纹中心的间距为多少？

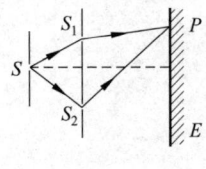

图 2

(3) 若将整个装置放于某种透明液体中，P 点为第四级明条纹，则该液体的折射率 n 为多少？

2. 如图 3 所示，在杨氏双缝干涉实验中，若把一厚度为 e、折射率为 n 的薄片覆盖在 S_1 缝上，问

(1) 两束相干光至原中央明纹 O 处的光程差和相位差 $\Delta\varphi$ 各为多少？

(2) 中央明条纹将向上还是向下移动？

（若把薄片覆盖在 S_2 缝上，中央明条纹将如何移动？）

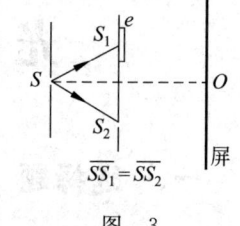

图 3

(3) 若入射光 $\lambda = 500$ nm，薄片的折射率 $n = 1.5$，这时 O 点恰为第四级明纹中心，则薄片厚度 e 是多少？

(4) 若入射光 $\lambda = 550$ nm，薄片的折射率 $n = 1.58$，厚度 $e = 6.6 \times 10^{-6}$ m 时，零级明纹将移到原来的第几级明纹处？

3. 如图4所示,在杨氏双缝干涉实验中,若用薄玻璃片(折射率 n_1,厚度 d)覆盖缝 S_1,用同样厚度的玻璃片(折射率 n_2)覆盖缝 S_2,其余部分可看作真空(可认为光线垂直穿过两玻璃片).

(1) 若它们到 P 点的距离分别为 r_1 和 r_2. 两束相干光至 P 处的光程差为多少? 两束相干光至原中央明纹 O 处的光程差为多少?

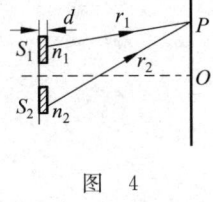

图 4

(2) 当 $n_1=1.4$,$n_2=1.7$,单色入射光波长 $\lambda=480\,\text{nm}$,时,将使原来未放玻璃时屏上的中央明条纹处 O 变为第五级明纹. 求玻璃片的厚度 d.

四、问答题

1. 在杨氏双缝干涉实验中,当做如下调节时,屏幕上的干涉条纹将如何变化? 说明理由.

(1) 使两缝之间的距离逐渐减小;

(2) 保持双缝的间距不变,使双缝与屏幕的距离逐渐减小;

(3) 白光照射双缝,用红、蓝两块滤色片分别遮盖双缝;

(4) 如图5所示,把双缝中的一条狭缝遮住,并在两缝的垂直平分线上放置一块平面反射镜.

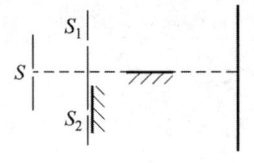

图 5

光的干涉(二)

一、选择题

1. 在玻璃(折射率 $n_3=1.60$)表面镀一层 MgF_2(折射率 $n_2=1.38$)薄膜作为增透膜. 为了使波长为 500 nm(1 nm$=10^{-9}$ m)的光从空气($n_1=1.00$)正入射时尽可能减少反射,MgF_2 薄膜的最少厚度应是[ ].

  (A) 78.1 nm   (B) 90.6 nm   (C) 125 nm
  (D) 181 nm   (E) 250 nm

2. 如图 1(a)所示,一光学平板玻璃 A 与待测工件 B 之间形成空气劈尖,用波长 $\lambda=500$ nm (1 nm$=10^{-9}$ m)的单色光垂直照射. 看到的反射光的干涉条纹如图 1(b)所示. 有些条纹弯曲部分的顶点恰好与其右边条纹的直线部分的连线相切. 则工件的上表面缺陷是[ ].

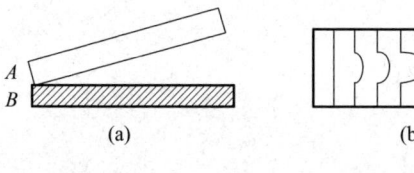

图 1

  (A) 不平处为凸起纹,最大高度为 500 nm
  (B) 不平处为凸起纹,最大高度为 250 nm
  (C) 不平处为凹槽,最大深度为 500 nm
  (D) 不平处为凹槽,最大深度为 250 nm

3. 在迈克耳孙干涉仪的一支光路中,放入一片折射率为 n 的透明介质薄膜后,测出两束光的光程差的改变量为一个波长 λ,则薄膜的厚度是[ ].

  (A) $\lambda/2$ (B) $\dfrac{\lambda}{2n}$

  (C) λ/n (D) $\dfrac{\lambda}{2(n-1)}$

二、填空题

1. 空气中有一劈尖,折射率 $n=1.2$,尖角 $\theta=10^{-4}$ rad,在某单色光垂直照射下,测得两相邻明条纹的间距为 0.25 cm,则入射光的波长为_____ nm.

2. 波长 $\lambda=600$ nm 的单色光垂直照射到牛顿环装置上,第二个明环与第五个明环所对应的空气膜厚度之差为_____ nm.

3. 牛顿环实验中,测得第 k 个暗环半径 $r_k=4$ mm,第 $k+10$ 个暗环半径 $r_{k+10}=6$ mm,已知入射光波长 $\lambda=500$ nm,则平凸透镜凸面的曲率半径 R 为_____ m.

4. 已知在迈克耳孙干涉仪中使用波长为 λ 的单色光. 在干涉仪的可动反射镜移动距离 d 的过程中,干涉条纹将移动_____条.

三、计算题

1. 用白光垂直照射置于空气中的厚度为 0.50 μm 的玻璃片,

玻璃片的折射率为 1.50. 问：

(1) 在可见光范围内 (400～760 nm) 哪些波长的反射光有最大限度的增强？

(2) 在可见光范围内 (400～760 nm) 哪些波长的透射光有最大限度的增强？

(3) 若将该玻璃片放在折射率为 1.65 的方解石上，再讨论 (1)、(2)？

2. 用波长为 500 nm (1 nm ＝ 10^{-9} m) 的单色光垂直照射到由两块光学平玻璃构成的空气劈形膜上. 在观察反射光的干涉现象中，距劈形膜棱边 $l=1.56$ cm 的 A 处是从棱边算起的第四条暗条纹中心.

(1) 求此空气劈形膜的劈尖角 θ；

(2) 改用 600 nm 的单色光垂直照射到此劈尖上仍观察反射光的干涉条纹，A 处是明条纹还是暗条纹？

(3) 在第 (2) 问的情形从棱边到 A 处的范围内共有几条明纹？几条暗纹？

3. 如图 2 所示，牛顿环装置的平凸透镜与平板玻璃有一小缝隙 e_0. 现用波长为 λ 的单色光垂直照射，已知平凸透镜的曲率半径为 R，求反射光形成的牛顿环的各暗环半径.

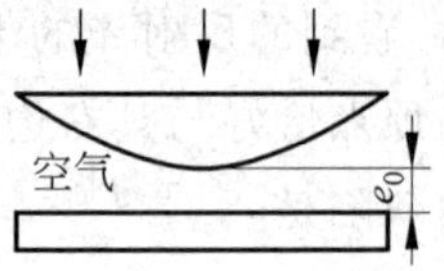

图 2

四、讨论题

1. 如图 3 所示,波长为 λ 的平行单色光垂直入射在折射率为 n_2 的薄膜上,经上下两个表面反射的两束光发生干涉.

(1) 若薄膜厚度为 e,试讨论:

① 当 $n_1 > n_2 > n_3$,则两束反射光在相遇点的光程差_____;相位差_____;

② 当 $n_1 < n_2 < n_3$,则两束反射光在相遇点的光程差_____;相位差_____;

③ 当 $n_1 > n_2$ 且 $n_3 > n_2$,则两束反射光在相遇点的光程差_____;相位差_____;

④ 当 $n_1 < n_2$ 且 $n_3 < n_2$,则两束反射光在相遇点的光程差_____;相位差_____;

(2) 在第(1)问中,就第一种情况,即 $n_1 > n_2 > n_3$ 时:

若薄膜作为增透膜,则薄膜的最少厚度应是_____;

若薄膜作为增反膜,则薄膜的最少厚度应是_____.

(并讨论其他三种情况)

2. 两块平玻璃构成空气劈尖,左边为棱边,用单色平行光垂直入射.

(1) 若上面的平玻璃慢慢地向上平移,则干涉条纹如何变化?

(2) 若上面的平玻璃慢慢地向右平移,则干涉条纹如何变化?

(3) 若上面的平玻璃以棱边为轴,沿逆时针方向作微小转动,则干涉条纹如何变化?

3. 把一平凸透镜放在平玻璃上,构成牛顿环装置.

(1) 当平凸透镜垂直向上缓慢平移而远离平面玻璃时,可以观察到这些环状干涉条纹_____;若使平凸透镜慢慢地垂直向上移动,从透镜顶点与平面玻璃接触到两者距离为 d 的移动过程中,移过视场中某固定观察点的条纹数目等于_____;

(2) 若把牛顿环装置(都是用折射率为 1.52 的玻璃制成的)由空气移入折射率为 1.33 的水中,则干涉条纹变疏、变密还是不变?

(3) 在图 4 所示三种透明材料构成的牛顿环装置中,用单色光垂直照射,在反射光中看到干涉条纹,则在接触点 P 处形成的圆斑为 _____.

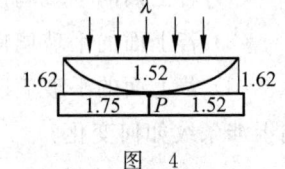

图 4

注:图中数字为各处的折射率.

为 4.25 mm,求细丝直径 d.

2. 利用牛顿环测量凹曲面镜的曲率半径.

如图 6 所示,把已知的平凸透镜的凸面放置在待测的凹面上,在两镜面之间形成空气层,可观察到环状的干涉条纹,测得第 4 级暗环的半径 $r_4 = 2$ cm,已知入射光的波长 $\lambda = 600$ nm,平凸透镜凸面的曲率半径 $R_1 = 100$ cm,求待测凹面的曲率半径 R_2.

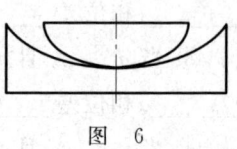

图 6

五、应用题

1. 利用空气劈尖测量细丝直径或薄片厚度.

如图 5 所示,已知入射光的波长 $\lambda = 632.8$ nm,$L = 28$ cm,观察到 40 条明条纹,且 40 条明纹间的距离

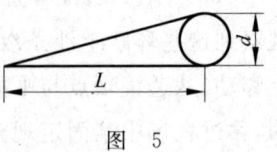

图 5

光 的 衍 射（一）

一、选择题

1. 根据惠更斯-菲涅耳原理，若已知光在某时刻的波阵面为 S，则 S 的前方某点 P 的光强度决定于波阵面 S 上所有面积元发出的子波各自传到 P 点的 [ ].

   (A) 振动振幅之和 　　(B) 光强之和
   (C) 振动振幅之和的平方 (D) 振动的相干叠加

2. 在单缝夫琅禾费衍射实验中，波长为 λ 的单色光垂直入射在宽度为 $a=4\lambda$ 的单缝上，对应于衍射角为 $30°$ 的方向，单缝处波阵面可分成的半波带数目为 [ ].

   (A) 2 个 (B) 4 个 (C) 6 个 (D) 8 个

3. 波长为 λ 的单色平行光垂直入射到一狭缝上，若第一级暗纹的位置对应的衍射角为 $\theta=\pm\dfrac{\pi}{6}$，则缝宽的大小为 [ ].

   (A) $\lambda/2$ (B) λ (C) 2λ (D) 3λ

4. 在夫琅禾费单缝衍射实验中，对于给定的入射单色光，当缝宽度变小时，除中央亮纹的中心位置不变外，各级衍射条纹 [ ].

   (A) 对应的衍射角变小 (B) 对应的衍射角变大
   (C) 对应的衍射角也不变 (D) 光强也不变

5. 一束波长为 λ 的平行单色光垂直入射到一单缝 AB 上，装置如图 1 所示．在屏幕 D 上形成衍射图样，如果 P 是中央亮纹一侧第一个暗纹所在的位置，则 $\overline{BC}$ 的长度为 [ ].

   (A) $\lambda/2$ (B) λ (C) $3\lambda/2$ (D) 2λ

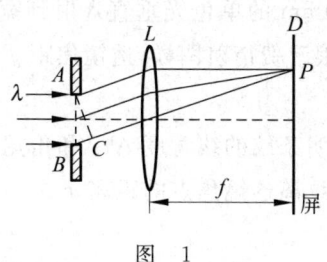

图 1

二、填空题

1. 在单缝夫琅禾费衍射实验中，如果缝宽等于单色入射光波长的 2 倍，则中央明条纹边缘对应的衍射角 $\varphi=$_____.

2. 平行单色光垂直入射于单缝上，观察夫琅禾费衍射．若屏上 P 点处为第二级暗纹，则单缝处波面相应地可划分为_____个半波带．若将单缝宽度缩小一半，P 点处将是_____级_____纹．

3. 平行单色光垂直入射在缝宽为 $a=0.15$ mm 的单缝上．缝后有焦距为 $f=400$ mm 的凸透镜，在其焦平面上放置观察屏幕．现测得屏幕上中央明条纹两侧的两个第三级暗纹之间的距离为 8 mm，则入射光的波长为 $\lambda=$_____.

4. 在单缝夫琅禾费衍射实验中，设第一级暗纹的衍射角很小,若钠黄光($\lambda_1 \approx 589$ nm)中央明纹宽度为 4.0 mm,则 $\lambda_2 = 442$ nm 的蓝紫色光的中央明纹宽度为_____.

三、计算题

1. 波长为 600 nm 的单色光垂直入射到宽度为 $a = 0.10$ mm 的单缝上,观察夫琅禾费衍射图样,透镜焦距 $f = 1.0$ m,屏在透镜的焦平面处. 求:

(1) 中央衍射明条纹的线宽度 Δx_0 和角宽度 $\Delta \theta_0$;

(2) 第二级暗纹离透镜焦点的距离 x_2.

2. 在某个单缝衍射实验中,光源发出的光含有两种波长 λ_1 和 λ_2,垂直入射于单缝上. 假如 λ_1 的第一级衍射极小与 λ_2 的第二级衍射极小相重合,试问:

(1) 这两种波长之间有何关系?

(2) 在这两种波长的光所形成的衍射图样中,是否还有其他极小相重合?

四、讨论题

1. 在单缝夫琅禾费衍射实验中，

(1) 若增大缝宽，其他条件不变，则中央明条纹如何变化？减小缝宽呢？

(2) 在如图 2 所示的单缝夫琅禾费衍射实验装置中，S 为单缝，L 为透镜，C 为放在 L 的焦面处的屏幕，当把单缝 S 垂直于透镜光轴稍微向上平移时，屏幕上的衍射图样如何移动？稍微向下平移时，结果如何？

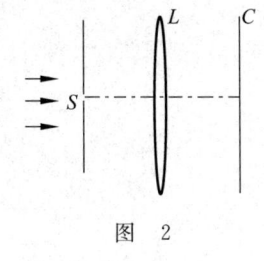

图 2

(3) 如图 2 所示，当把透镜垂直于透镜光轴稍微向上平移时，屏幕上的衍射图样如何移动？稍微向下平移时，结果如何？

2. 在单缝衍射实验中，当缝的宽度 a 远大于单色光的波长时，通常观察不到衍射条纹．试由单缝衍射暗条纹条件的公式说明这是为什么？

3. 在单缝衍射图样中，离中心明条纹越远的明条纹亮度越小，试用半波带法说明．

4. 在单缝衍射图样中,若以白光入射,描述衍射图样将呈现怎样的现象.

光 的 衍 射（二）

一、选择题

1. 对某一定波长的垂直入射光，衍射光栅的屏幕上只能出现零级和一级主极大，欲使屏幕上出现更高级次的主极大，应该[ ].

   (A) 换一个光栅常数较小的光栅
   (B) 换一个光栅常数较大的光栅
   (C) 将光栅向靠近屏幕的方向移动
   (D) 将光栅向远离屏幕的方向移动

2. 在光栅光谱中，假如所有偶数级次的主极大都恰好在单缝衍射的暗纹方向上，因而实际上不出现，那么此光栅每个透光缝宽度 a 和相邻两缝间不透光部分宽度 b 的关系为[ ].

   (A) $a=\dfrac{1}{2}b$ (B) $a=b$ (C) $a=2b$ (D) $a=3b$

3. 在双缝衍射实验中，若保持双缝 S_1 和 S_2 的中心之间的距离 d 不变，而把两条缝的宽度 a 略微加宽，则[ ].

   (A) 单缝衍射的中央主极大变宽，其中所包含的干涉条纹数目变少
   (B) 单缝衍射的中央主极大变宽，其中所包含的干涉条纹数目变多
   (C) 单缝衍射的中央主极大变宽，其中所包含的干涉条纹数目不变
   (D) 单缝衍射的中央主极大变窄，其中所包含的干涉条纹数目变少
   (E) 单缝衍射的中央主极大变窄，其中所包含的干涉条纹数目变多

4. 一束白光垂直照射在一光栅上，在形成的同一级光栅光谱中，偏离中央明纹最远的是[ ].
   (A) 紫光 (B) 绿光 (C) 黄光 (D) 红光

二、填空题

1. 一束单色光垂直入射在光栅上，衍射光谱中共出现 5 条明纹．若已知此光栅缝宽度与不透明部分宽度相等，那么在中央明纹一侧的两条明纹分别是第_____级和第_____级谱线．

2. 用波长为 λ 的单色平行光垂直入射在一块多缝光栅上，其光栅常数 $d=3\ \mu m$，缝宽 $a=1\ \mu m$，则在单缝衍射的中央明条纹中共有_____条谱线（主极大）．

3. 用波长为 λ 的单色平行红光垂直照射在光栅常数 $d=2\ \mu m$（$1\ \mu m=10^{-6}\ m$）的光栅上，用焦距 $f=0.500\ m$ 的透镜将光聚在屏上，测得第一级谱线与透镜主焦点的距离 $l=0.1667\ m$．则可知该入射的红光波长 $\lambda=$_____nm．

三、计算题

1. 波长范围在 450～650 nm 之间的复色平行光垂直照射在

每厘米有 5000 条刻线的光栅上，屏幕放在透镜的焦面处，屏上第二级光谱各色光在屏上所占范围的宽度为 35.1 cm. 求透镜的焦距 f.

2. 一束平行光垂直入射到某个光栅上，该光束有两种波长的光，$\lambda_1 = 440$ nm, $\lambda_2 = 660$ nm (1 nm $= 10^{-9}$ m). 实验发现，两种波长的谱线（不计中央明纹）第二次重合于衍射角 $\varphi = 60°$ 的方向上. 求此光栅的光栅常数 d.

3. 波长 $\lambda = 600$ nm(1 nm $= 10^{-9}$ m) 的单色光垂直入射到一光栅上，测得第二级主极大的衍射角为 $30°$，且第三级是缺级.

(1) 光栅常数 $(a+b)$ 等于多少？

(2) 透光缝可能的最小宽度 a 等于多少？

(3) 在选定了上述 $(a+b)$ 和 a 之后，求在衍射角 $-\frac{1}{2}\pi < \varphi < \frac{1}{2}\pi$ 范围内可能观察到的全部主极大的级次.

四、讨论题

1. 当入射光波长满足光栅方程 $d\sin\varphi = \pm k\lambda$, $k=0,1,2,\cdots$ 时，两相邻的狭缝沿 φ 角所射出的光线能够互相加强，试问

(1) 当满足光栅方程时，任意两个狭缝沿 φ 角射出的光线能否互相加强？

(2) 在方程中，当 $k=2$ 时，第一条缝与第二条缝沿 φ 角射出的光线的光程差是多少？第一条缝与第 N 条缝的光程差又是多少？

2. 波长为 500 nm（1 nm $= 10^{-9}$ m）的单色光垂直入射到每厘米 5000 条刻线的光栅上，实际上可能观察到的最高级次的主极大是第几级？实际上可观察到的主极大明条纹共有几条？

3. 一台光谱仪备有三块光栅,每毫米上刻痕分别为 1200 条、600 条和 90 条,若用于测定波长 700~1000 mm 间的光谱,应选用哪块光栅?

光 的 偏 振

一、选择题

1. 使一光强为 I_0 的平面偏振光先后通过两个偏振片 P_1 和 P_2。P_1 和 P_2 的偏振化方向与原入射光光矢量振动方向的夹角分别是 α 和 $90°$，则通过这两个偏振片后的光强 I 是[　].

(A) $\frac{1}{2}I_0\cos^2\alpha$　　　　(B) 0

(C) $\frac{1}{4}I_0\sin^2(2\alpha)$　　(D) $\frac{1}{4}I_0\sin^2\alpha$

2. 自然光以 $60°$ 的入射角照射到某两介质交界面时，反射光为完全线偏振光，则知折射光为[　].

(A) 完全线偏振光且折射角是 $30°$

(B) 部分偏振光且只是在该光由真空入射到折射率为 $\sqrt{3}$ 的介质时，折射角是 $30°$

(C) 部分偏振光，但须知两种介质的折射率才能确定折射角

(D) 部分偏振光且折射角是 $30°$

3. 如果两个偏振片堆叠在一起，且偏振化方向之间夹角为 $60°$，光强为 I_0 的自然光垂直入射在偏振片上，则出射光强为[　].

(A) $I_0/8$　　(B) $I_0/4$　　(C) $3I_0/8$　　(D) $3I_0/4$

4. 自然光以布儒斯特角由空气入射到一玻璃表面上，反射光是[　].

(A) 在入射面内振动的完全线偏振光

(B) 平行于入射面的振动占优势的部分偏振光

(C) 垂直于入射面振动的完全线偏振光

(D) 垂直于入射面的振动占优势的部分偏振光

二、填空题

1. 一束光垂直入射在偏振片 P 上，以入射光线为轴转动 P，观察通过 P 的光强的变化过程。若入射光是_____光，则将看到光强不变；若入射光是_____，则将看到明暗交替变化，有时出现全暗；若入射光是_____，则将看到明暗交替变化，但不出现全暗。

2. 一束自然光通过两个偏振片，若两偏振片的偏振化方向间夹角由 α_1 转到 α_2，则转动前后透射光强度之比为_____.

3. 相互平行的一束自然光和一束线偏振光构成的混合光垂直照射在一偏振片上，以光的传播方向为轴旋转偏振片时，发现透射光强的最大值为最小值的 5 倍，则入射光中，自然光强 I_0 与线偏振光强 I 之比为_____.

4. 一束自然光自水（折射率为 $n_1 = 1.33$）中入射到玻璃表面上（如图 1）。当入射角为 $49.5°$ 时，反射光为线偏振光。玻璃的折射率 n_2 为_____；折射光的折射角为_____.

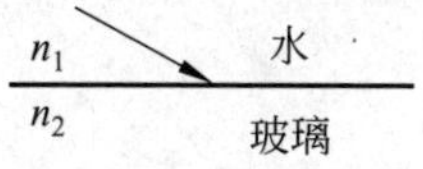

图 1

三、计算题

1. 一束光强为 I_0 的自然光垂直入射在三个叠在一起的偏振片 P_1、P_2、P_3 上,已知 P_1 与 P_3 的偏振化方向相互垂直. 求:

(1) P_2 与 P_3 的偏振化方向之间夹角为多大时,穿过第三个偏振片的透射光强为 $I_0/8$;

(2) P_2 与 P_3 的偏振化方向之间夹角为多大时,穿过第三个偏振片的透射光强为 $I_0/16$;

(3) 若以入射光方向为轴转动 P_2,当 P_2 转过多大角度时,穿过第三个偏振片的透射光强由 $I_0/8$ 单调减小到 $I_0/16$?此时 P_2、P_1 的偏振化方向之间的夹角多大?

2. 将两个偏振片叠放在一起,此两偏振片的偏振化方向之间的夹角为 $60°$,一束光强为 I_0 的线偏振光垂直入射到偏振片上,该光束的光矢量振动方向与二偏振片的偏振化方向皆成 $30°$ 角.

(1) 求透过每个偏振片后的光束强度;

(2) 若将原入射光束换为强度相同的自然光,求透过每个偏振片后的光束强度.

3. 将三个偏振片叠放在一起，第二个与第三个的偏振化方向分别与第一个的偏振化方向成 45°角和 90°角.

(1) 强度为 I_0 的自然光垂直入射到这一堆偏振片上，试求经每一偏振片后的光强和偏振状态.

(2) 如果将第二个偏振片抽走，情况又如何？

4. 两偏振片 P_1、P_2 叠在一起，P_1 和 P_2 的偏振化方向间的夹角为 α. 由强度同为 I_0 的自然光和线偏振光混合而成的光束垂直入射在偏振片上. 入射光中线偏振光的光矢量振动方向与 P_1 的偏振化方向间的夹角为 45°.

(1) 若不考虑偏振片对可透射分量的反射和吸收，穿过 P_1、P_2 后的最大透射光强为多少？

(2) 若不考虑偏振片对可透射分量的反射和吸收，P_1、P_2 的偏振化方向间的夹角 α 为多大时，穿过 P_1、P_2 后的透射光强为最大透射光强的 2/3？

(3) 若考虑每个偏振片对透射光的吸收率为 10%，且使穿过两个偏振片后的透射光强与(2)中吸收率为零时相同，此时 α 应为多大？

狭义相对论基础

一、选择题

1. 宇宙飞船相对于地面以速度 v 作匀速率直线飞行,某一时刻飞船头部的宇航员向飞船尾部发出一个光讯号,经过 Δt(飞船上的钟)时间后,被尾部的接收器收到,则由此可知飞船的固有长度为(c 表示真空中光速)[　].

(A) $c \cdot \Delta t$ 　　　　　　　(B) $v \cdot \Delta t$

(C) $\dfrac{c \cdot \Delta t}{\sqrt{1-(v/c)^2}}$　　　(D) $c \cdot \Delta t \cdot \sqrt{1-(v/c)^2}$

2. K 系与 K' 系是坐标轴相互平行的两个惯性系,K' 系相对于 K 系沿 Ox 轴正方向匀速运动.一根刚性尺静止在 K' 系中,与 $O'x'$ 轴成 30°角.今在 K 系中观测得该尺与 Ox 轴成 45°角,则 K' 系相对于 K 系的速度是[　].

(A) $(2/3)c$　　　　　　(B) $(1/3)c$

(C) $(2/3)^{1/2}c$　　　　(D) $(1/3)^{1/2}c$

3. 在狭义相对论中,下列说法中哪些是正确的?[　]

(1) 一切运动物体相对于观察者的速度都不能大于真空中的光速.

(2) 质量、长度、时间的测量结果都是随物体与观察者的相对运动状态而改变的.

(3) 在一惯性系中发生于同一时刻,不同地点的两个事件在其他一切惯性系中也是同时发生的.

(4) 惯性系中的观察者观察一个与他作匀速相对运动的时钟时,会看到这时钟比与他相对静止的相同的时钟走得慢些.

(A) (1),(3),(4)　　　　(B) (1),(2),(4)

(C) (1),(2),(3)　　　　(D) (2),(3),(4)

4. 一宇航员要到离地球为 5 光年的星球去旅行.如果宇航员希望把这路程缩短为 3 光年,则他所乘的火箭相对于地球的速度应是(c 表示真空中光速)[　].

(A) $v=(1/2)c$　　　　(B) $v=(3/5)c$

(C) $v=(4/5)c$　　　　(D) $v=(9/10)c$

5. 一个电子运动速度 $v=0.99c$,它的动能是(电子的静止能量为 0.51 MeV)[　].

(A) 4.0 MeV　　　　　(B) 3.5 MeV

(C) 3.1 MeV　　　　　(D) 2.5 MeV

6. 某核电站年发电量为 100 亿度,它等于 36×10^{15} J 的能量,如果这是由核材料的全部静止能转化产生的,则需要消耗的核材料的质量为[　].

(A) 0.4 kg　　　　　　(B) 0.8 kg

(C) $(1/12)\times10^7$ kg　　(D) 12×10^7 kg

7. 一匀质矩形薄板,在它静止时测得其长为 A,宽为 B,质量为 m_0.由此可算出其面积密度为 m_0/AB.假定该薄板沿长度方向以接近光速的速度 v 作匀速直线运动,此时再测算该矩形薄板的面积密度则为[　].

(A) $\dfrac{m_0\sqrt{1-(v/c)^2}}{AB}$ (B) $\dfrac{m_0}{AB\sqrt{1-(v/c)^2}}$

(C) $\dfrac{m_0}{AB[1-(v/c)^2]}$ (D) $\dfrac{m_0}{AB[1-(v/c)^2]^{3/2}}$

二、填空题

1. 狭义相对论的两条基本原理中，
相对性原理说的是_____；
光速不变原理说的是_____.

2. 已知惯性系 S' 相对于惯性系 S 系以 $0.5c$ 的匀速度沿 x 轴的负方向运动，若从 S' 系的坐标原点 O' 沿 x 轴正方向发出一光波，则 S 系中测得此光波在真空中的波速为_____.

3. 静止时边长为 50 cm 的立方体，当它沿着与它的一个棱边平行的方向相对于地面以匀速度 2.4×10^8 m·s^{-1} 运动时，在地面上测得它的体积是_____.

4. π^+ 介子是不稳定的粒子，在它自己的参照系中测得平均寿命是 2.6×10^{-8} s，如果它相对于实验室以 $0.8c$（c 为真空中光速）的速率运动，那么实验室坐标系中测得的 π^+ 介子的寿命是_____ s.

5. 一观察者测得一沿米尺长度方向匀速运动着的米尺的长度为 0.5 m，则此米尺以速度 $v=$_____ m·s^{-1} 接近观察者.

6. (1) 在速度 $v=$_____ 情况下粒子的动量等于非相对论动量的 2 倍.

(2) 在速度 $v=$_____ 情况下粒子的动能等于它的静止能量.

7. 观察者甲以 $0.8c$ 的速度（c 为真空中光速）相对于静止的观察者乙运动，若甲携带一质量为 1 kg 的物体，则

(1) 甲测得此物体的总能量为_____；

(2) 乙测得此物体的总能量为_____.

8. 已知一静止质量为 m_0 的粒子，其固有寿命为实验室测量到的寿命的 $1/n$，则此粒子的动能是_____.

9. 宇宙飞船以 $0.8c$ 的速度离开地球，并先后发出两个光信号，若地球上的观测者接收到这两个信号的时间间隔为 10 s，求宇航员以自己的时钟记时，则发出这两个信号的时间间隔为_____.

10. 把一个静止质量为 m_0 的粒子由静止加速到 $0.1c$ 的速率，则需要对粒子做功_____；把速率为 $0.9c$ 的粒子加速到 $0.99c$ 需要对粒子做功的大小_____.

三、计算题

1. 观测者甲和乙分别静止于两个惯性参照系 K 和 K' 中，甲测得在同一地点发生的两个事件的时间间隔为 4 s，而乙测得这两个事件的时间间隔为 5 s，求：

(1) K' 相对于 K 的运动速度；

(2) 乙测得这两个事件发生的地点的距离.

2. 观察者甲和乙分别静止于两个惯性系 K 和 K' 中(K' 系相对于 K 系作平行于 x 轴的匀速运动). 甲测得在 x 轴上两点发生的两个事件的空间间隔和时间间隔分别为 500 m 和 2×10^{-7} s,而乙测得这两个事件是同时发生的. 问 K' 系相对于 K 系以多大速度运动？

3. 一艘宇宙飞船的船身固有长度为 $L_0=100$ m,相对于地面以 $v=0.8c$ (c 为真空中光速)的匀速度在地面观测站的上空飞过.

(1) 观测站测得飞船的船身通过观测站的时间间隔是多少？

(2) 宇航员测得船身通过观测站的时间间隔是多少？

4. 一电子以 $v=0.99c$ (c 为真空中光速)的速率运动. 试求：

(1) 电子的总能量是多少？

(2) 电子的经典力学的动能与相对论动能之比是多少？（电子静止质量 $m_e=9.11\times10^{-31}$ kg）

5. 在一种热核反应 $^2_1\text{H}+^3_1\text{H} \longrightarrow ^4_2\text{He}+^0_1\text{n}$ 中,粒子的各种静止质量如下：氘核 $m_1=3.3470\times10^{-27}$ kg,氚核 $m_2=5.0049\times10^{-27}$ kg,氦核 $m_3=6.6425\times10^{-27}$ kg,中子 $m_4=1.6750\times10^{-27}$ kg. 求这一热核反应中每千克质量亏损能释放的能量是多少？

四、讨论题

1. （1）对某观察者来说，发生在某惯性系中同一地点、同一时刻的两个事件，对于相对该惯性系作匀速直线运动的其他惯性系中的观察者来说，它们是否同时发生？

（2）在某惯性系中发生于同一时刻、不同地点的两个事件，它们在其他惯性系中是否同时发生？

（3）在某惯性系中发生于不同时刻、不同地点的两个事件，它们在其他惯性系中是否同时发生？

2. 静止的 μ 子的平均寿命约为 $\tau_0 = 2 \times 10^{-6}$ s. 今在 8 km 的高空，由于 π 介子的衰变产生一个速度为 $v = 0.998c$（c 为真空中光速）的 μ 子，试论证此 μ 子有无可能到达地面。

3. 用质能关系讨论太阳质量的流失，已知太阳常数为 1340 W/m²（即能流密度），太阳到地球的平均距离为 1.50×10^{11} m，求太阳质量的年相对流失率。

4. 星体一旦形成黑洞，那么在其表面的光子都不可能离开星体外逸，设星体质量具有球对称分布，总质量为 M. 使用狭义相对论估算它恰能成黑洞的半径。

量子初步

一、选择题

1. 用频率为 v_1 的单色光照射某一种金属时,测得光电子的最大动能为 E_{k1};用频率为 v_2 的单色光照射另一种金属时,测得光电子的最大动能为 E_{k2}.如果 $E_{k1}>E_{k2}$,那么[ ].

 (A) v_1 一定大于 v_2 (B) v_1 一定小于 v_2
 (C) v_1 一定等于 v_2 (D) v_1 可能大于也可能小于 v_2

2. 已知一单色光照射在钠表面上,测得光电子的最大动能是 1.2 eV,而钠的红限波长为 5400 Å,那么入射光的波长是[ ].

 (A) 5350 Å   (B) 5000 Å
 (C) 4350 Å   (D) 3550 Å

3. 以下一些材料的逸出功如选项中所述,今要制造能在可见光(频率范围为 $3.9\times10^{14}\sim7.5\times10^{14}$ Hz)下工作的光电管,在这些材料中应选[ ].

 (A) 钨 4.5 eV   (B) 钯 5.0 eV
 (C) 铯 1.9 eV   (D) 铍 3.9 eV

4. 在康普顿散射中,如果设反冲电子的速度为 $0.8c$,则因散射使电子获得的能量是其静止能量的[ ].

 (A) 2 倍   (B) 3/2 倍
 (C) 2/3 倍   (D) 1/4 倍

5. 光电效应和康普顿效应都包含有电子与光子的相互作用过程.对此,在以下几种理解中,正确的是[ ].

 (A) 光电效应是吸收光子的过程,而康普顿效应则相当于光子和电子的弹性碰撞过程
 (B) 两种效应都相当于电子与光子的弹性碰撞过程
 (C) 两种效应都属于电子吸收光子的过程
 (D) 康普顿效应是吸收光子的过程,而光电效应则相当于光子和电子的弹性碰撞过程

6. 由氢原子理论知,当大量氢原子处于 $n=3$ 的激发态时,原子跃迁将发出[ ].

 (A) 一种波长的光   (B) 两种波长的光
 (C) 三种波长的光   (D) 连续光谱

7. 按照原子的量子理论,原子可以通过自发辐射和受激辐射的方式发光,它们所产生的光的特点是[ ].

 (A) 两个原子自发辐射的同频率的光是相干的,原子受激辐射的光与入射光是不相干的
 (B) 两个原子自发辐射的同频率的光是不相干的,原子受激辐射的光与入射光是相干的
 (C) 两个原子自发辐射的同频率的光是相干的,原子受激辐射的光与入射光是不相干的
 (D) 两个原子自发辐射的同频率的光是相干的,原子受激辐射的光与入射光是相干的

8. 如图 1 所示,一束动量为 p 的电子,通过缝宽为 a 的狭缝。在距离狭缝为 R 处放置一荧光屏,屏上衍射图样中央最大的宽度 d 等于[ ].

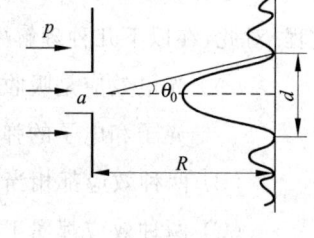

图 1

(A) $2a^2/R$

(B) $2ha/p$

(C) $2ha/(Rp)$

(D) $2Rh/(ap)$

9. 如果两种不同质量的粒子,其德布罗意波长相同,则这两种粒子的[ ].

(A) 动量相同   (B) 能量相同

(C) 速度相同   (D) 动能相同

10. 设粒子运动的波函数图线分别如图(A)、(B)、(C)、(D)所示,那么其中确定粒子动量的精确度最高的波函数是哪个图?[ ]

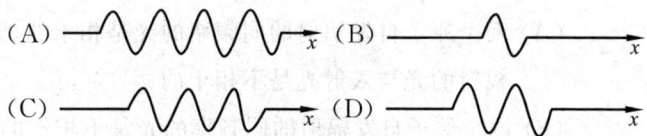

11. 下列各组量子数中,哪一组可以描述原子中电子的状态?[ ]

(A) $n=2, l=2, m_l=0, m_s=\dfrac{1}{2}$

(B) $n=3, l=1, m_l=-1, m_s=-\dfrac{1}{2}$

(C) $n=1, l=2, m_l=1, m_s=\dfrac{1}{2}$

(D) $n=1, l=0, m_l=1, m_s=-\dfrac{1}{2}$

二、填空题

1. 在光电效应实验中,测得某金属的遏止电压 $|U_a|$ 与入射光频率 ν 的关系曲线如图 2 所示,由此可知该金属的红限频率 $\nu_0 =$ _____.

2. 若一无线电接收机接收到频率为 10^8 Hz 的电磁波的功率为 $1\,\mu$W,则每秒接收到的光子数为_____.(普朗克常量 $h=6.63\times10^{-34}$ J·s)

3. 某一波长的 X 光经物质散射后,其散射光中_____的散射成分称为康普顿散射.

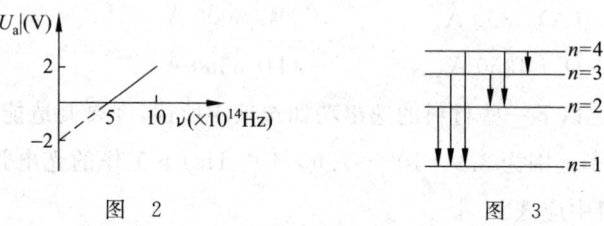

图 2   图 3

4. 氢原子的部分能级跃迁示意如图 3. 在这些能级跃迁中,从 $n=4$ 的能级跃迁到 $n=$_____的能级时所发射的光子的波长最短.

5. 在 $B=1.25\times10^{-2}$ T 的匀强磁场中沿半径为 $R=1.66$ cm 的圆轨道运动的 α 粒子的德布罗意波长是_____Å.(普朗克

常量 $h=6.63\times 10^{-34}$ J·s,基本电荷 $e=1.60\times 10^{-19}$ C)

6. 低速运动的质子和 α 粒子,若它们的德布罗意波长相同,则它们的动量之比 $p_p:p_\alpha=$ _____;动能之比 $E_p:E_\alpha=$ _____.

7. 按照原子的量子理论,原子可以通过 _____ 和 _____ 两种辐射方式发光,而激光是由其中 _____ 方式产生的.

三、计算题

1. 实验发现基态氢原子可吸收能量为 12.75 eV 的光子.

(1) 试问氢原子吸收该光子后将被激发到哪个能级?

(2) 受激发的氢原子向低能级跃迁时,可能发出哪几条谱线?请画出能级图(定性),并将这些跃迁画在能级图上.

2. 已知粒子在无限深势阱中运动,其波函数为
$$\psi(x)=\sqrt{2/a}\sin(\pi x/a),\quad 0\leqslant x\leqslant a$$
求发现粒子的概率为最大的位置.

3. 试求 d 分壳层最多能容纳的电子数,并写出这些电子的 m_l 和 m_s 值.

四、讨论题

1. 关于不确定关系 $\Delta p_x \Delta x \geq \hbar (\hbar = h/(2\pi))$ 和光电效应的几种说法,正确的是:

(1) 粒子的动量不可能确定;

(2) 粒子的坐标不可能确定;

(3) 粒子的动量和坐标不可能同时准确地确定;

(4) 不确定关系不仅适用于电子和光子,也适用于其他粒子;

(5) 任何波长的可见光照射到任何金属表面都能产生光电效应;

(6) 若入射光的频率均大于一给定金属的红限,则该金属分别受到不同频率的光照射时,释出的光电子的最大初动能也不同;

(7) 若入射光的频率均大于一给定金属的红限,则该金属分别受到不同频率、强度相等的光照射时,单位时间释出的光电子数一定相等;

(8) 若入射光的频率均大于一给定金属的红限,则当入射光频率不变而强度增大 1 倍时,该金属的饱和光电流也增大 1 倍.

2. 试讨论对处于第一激发态的氢原子,是否用可见光照射而使之电离?

3. 质量为 m_e 的电子被电势差 $U_{12} = 100$ kV 的电场加速,如果考虑相对论效应,试计算其德布罗意波的波长.若不用相对论计算,则相对误差是多少?

(电子静止质量 $m_e = 9.11 \times 10^{-31}$ kg,普朗克常量 $h = 6.63 \times 10^{-34}$ J·s,基本电荷 $e = 1.60 \times 10^{-19}$ C)